HORST HEGEWALD-KAWICH

mein
Welpe

INHALT

Gesunde Ernährung

4

5 Pflege und Gesundheit

6 Erziehen und beschäftigen

Wie Hunde sprechen

Was tun, wenn es Probleme gibt?

Anhang

Mit Poster. So geht's uns rundum gut

So geht's uns rundum gut!

Typisch Hund

Der Hund wird für uns oft zum treuesten und zuverlässigsten Freund. Er kritisiert uns nicht und geht auf uns ein. Seine einzige Forderung: Wir müssen lernen, sein Wesen zu verstehen.

Was alle Hunde gemeinsam haben

Auch wenn viele tausend Jahre des Zusammenlebens von Hund und Mensch das Verhalten unserer Vierbeiner verändert haben, vieles ist dennoch wölfisches Erbe ...

DIE ABSTAMMUNG des Hundes (*Canis familiaris*) vom Wolf (*Canis lupus*) ist nun endlich durch neueste DNA-Analysen, also genetische Untersuchungen, wissenschaftlich bewiesen.

Bereits vor zigtausend Jahren begann der Mensch, damals noch Jäger und Sammler, mit der Domestikation des Wolfes, indem er wahrscheinlich Wolfswelpen aufzog und so im Verlauf der Jahrtausende den Hund schuf.

Dabei zähmte er nicht einfach Wölfe, sondern »kreierte« durch gezielte Selektion aus isoliert aufgezogenen Wölfen (Zuchtauswahl) den Hund. Offensichtlich waren es zunächst allein soziale Gründe, die dazu führten, denn einen praktischen Nutzen hatten diese frühen »Wolfshunde« nicht.

Es ist durchaus anzunehmen, dass die Frauen und Kinder unserer Vorfahren die Wolfswelpen seinerzeit ebenso reizend fanden, wie wir heute unsere niedlichen Hundewelpen.

Um die wölfischen Welpen aufzuziehen brauchte man Milch. Nutztiere wie Kühe oder Ziegen gab es aber zu dieser Zeit noch nicht. Also müssen es die Frauen gewesen sein, die neben ihren Kindern auch noch die Welpen mit ihrer Milch versorgten.

Auf den Menschen geprägt

Während der isolierten Aufzucht der Wolfswelpen von ihren Artgenossen, entstand durch Prägung eine starke soziale Bindung, deren zentraler Mittelpunkt jetzt plötzlich der Mensch war. Ihre wilden Verwandten wurden ihnen fremd. Bis heute nimmt der Hund unter allen Haustieren eine Sonderstellung ein. Kein anderes Haustier konzentriert seine soziale Beziehung so ausschließlich auf den Mensch und entwickelt uns gegenüber eine ähnlich enge Bindung und Treue. Das macht ihn für uns zu einem liebenswerten Partner.

Wolfswelpen spielen ebenso ausgelassen wie unsere Hundewelpen.

Das erste Lebensjahr

Hunde sind äußerst intelligente, sensibel fühlende und anpassungsfähige Lebewesen mit einem Sozialverhalten, das dem des Menschen ähnlich ist.

Die Mechanismen dieses angeborenen Sozialverhaltens müssen jedoch vor allem in den ersten 16 Lebenswochen des Welpen trainiert und gefestigt (geprägt) werden. Hierfür ist es wichtig, dass der Welpe beispielsweise regelmäßig gleichaltrigen und älteren Artgenossen begegnet, ebenso fremden Menschen und verschiedenste Umwelteindrücke bekommt. Jetzt wird nämlich der Grundstein für sein späteres Sozialverhalten gelegt. Die wichtigste Zeit im Leben eines Hundes ist deshalb sein erstes Lebensjahr. In dieser Zeit entwickelt sich das endgültige Wesen, der Charakter unseres Hundes als Ergebnis seiner angeborenen Anlagen und seiner von uns gestalteten Umwelt.

Bis zum Erreichen seiner Geschlechtsreife durchläuft der Welpe folgende Entwicklungsphasen:

▸ Die vegetative Phase (1. und 2. Woche)
▸ Die Übergangsphase (3. Woche)
▸ Die Prägungsphase (4. bis 7. Woche)
▸ Die Sozialisierungsphase (8. bis 12. Woche)
▸ Die Rangordnungsphase (13. bis 16. Woche)
▸ Die Rudelordnungsphase (5. und 6. Monat) und anschließend die Pubertätsphase.

1 »Geschwisterliebe« Durch gemeinsames Spielen entsteht zwischen den Welpen ein starkes Zusammengehörigkeitsgefühl. Und das, obwohl es dabei manchmal auch durchaus rau zugeht.

2 **Training fürs Leben** In spielerisch kämpferischen Auseinandersetzungen werden soziale Rollen und das Durchsetzungsvermögen erprobt. Bei Kampfspielen können Welpen risikofrei lebenswichtige Verhaltensweisen üben.

Der obere Welpe zeigt hier eindeutig Dominanz und Imponierverhalten. ▶

Alles, was der Hund in diesen Prägungsphasen positiv oder negativ erlebt, wirkt wie angeboren. Beim Lernprozess innerhalb des ersten Lebensjahres verschmelzen jedoch angeborenes und erworbenes (dazu gelerntes) Verhalten des jungen Hundes und zeigen sich dann als gutes, ausgeglichenes oder schlechtes, schwaches Wesen. Versäumtes kann nicht mehr nachgeholt werden.

Das Wesen des Hundes

»Das Wesen des Hundes ist die Gesamtheit seiner angeborenen und erworbenen Verhaltensweisen, sowie seiner augenblicklichen inneren Zustände, mit welchen er auf die Umwelt reagiert.« Diese Aussage umfasst im Detail: Seine Bindung an seinen Menschen, sein Verhalten fremden Menschen und Hunden gegenüber und seine Neigung zur Dominanz. Auch sein Temperament und seine Vitalität, seine Lernfähigkeit und seine Motivationsbereitschaft spielen eine große Rolle.

Hinzu kommen seine instinktive Intelligenz (rassespezifische, angeborene Talente wie etwa das Hüten einer Herde beim Border Collie), ferner die Arbeitsintelligenz (hier zeigt es sich, was der Hund im Arbeitseinsatz oder Sport leisten kann) und die adaptive Intelligenz, mit der er zeigen muss, wie er zum Beispiel als Polizei- oder Jagdhund Angelerntes in den unterschiedlichsten Situationen richtig anwendet und kombiniert, um zum Erfolg zu kommen. Die soziale Intelligenz des Hundes bestimmt die Beziehung zum Menschen.

Was Wolf und Hund noch gemeinsam haben

Obwohl ein Großteil unserer Hunderassen dem Wolf im äußeren Erscheinungsbild kaum mehr ähnelt, so ist seine nahe Verwandtschaft immer noch an verschiedenen körperlichen Ausstattungen, an seinen vererbten Sinnen und Trieben und auch an seinen Organen erkennbar. Auch ein nicht geringer Teil des Hundeverhaltens ist auf Wolfsverhalten zurückzuführen und somit als natürliches Verhalten erklärbar, auch wenn manches davon für uns bisweilen unerwünscht ist. Trotz dieser Gemeinsamkeiten müssen wir uns aber darüber im Klaren sein, dass unser Hund infolge der Domestikation und durch die Einflüsse der Umwelt, in der er seit Langem lebt, schon längst kein Wolf mehr ist.

Körperliche Gemeinsamkeiten: Hunde laufen leichtfüßig, und man kann manchmal nicht gleich erkennen, in welcher Gangart sie sich bewegen. Sie können diese auch blitzschnell wechseln, und sie sind gewandte Hetzjäger, Springer und teilweise auch Kletterer. Das Skelett (321 Knochen) ist beweglich, denn seine Knochen sind durch Gelenke, Muskeln und Sehnen mitein-

Durch Zucht sind bei manchen Rassen Vorbiss oder Unterbiss entstanden. Beim Vorbiss greifen die unteren Schneidezähne vor die oberen, beim Unterbiss kommen die unteren Schneidezähne weit hinter den oberen zum liegen und berühren teilweise manchmal sogar den Gaumen.
Ein erwachsener Hund hat 42 Zähne, wogegen das Milchgebiss eines Welpen nur 28 Zähne aufweist. In den Zahnwechsel kommen die Welpen zwischen dem 4. und 6. Lebensmonat.

WUSSTEN SIE SCHON, DASS …

… 400 Millionen Hunde auf der Straße leben?

Von den weltweit lebenden ca. 600 Millionen Hunden müssen etwa 400 Millionen ihr Leben, ohne Bezugsperson und halb verwildert, unter unwürdigsten Bedingungen auf der Straße verbringen. In Deutschland sind 5,3 Millionen Hunde registriert, wovon aber jährlich rund 80 000 Vierbeiner als »herrenlos« von Tierschutzvereinen betreut werden müssen. Eine wahrhaft traurige Bilanz für die liebenswerten und treuen Begleiter des Menschen.

ander verbunden. Hunde laufen auf vier Zehen. Die fünfte Zehe, die Daumenkralle, sitzt höher an der Innenseite des vorderen Mittelfußes. Die fünfte Zehe der Hinterhand, die Wolfskralle oder Afterklaue, ist funktionslos und wird von vernünftigen Züchtern wegen der Verletzungsgefahr gleich nach der Geburt entfernt.
Das natürliche Hundegebiss ist ein Scherengebiss, bei dem die Zähne des Oberkiefers (außer bei den hinteren Backenzähnen) über die Außenflächen der unteren Zahnreihe greifen.

Die inneren Organe: Wie das Gebiss, sind auch die Verdauungsorgane des Hundes die eines Fleischfressers. Sein Magen ist bedeutend größer, als der eines Pflanzenfressers. Sein Verdauungsweg hingegen ist sehr kurz und zum Leidwesen vieler Hundebesitzer ist der Vierbeiner auch ein Aasfresser. Das Herz eines gesunden Hundes ist auf Dauerleistung ausgerichtet, kann sich jedoch nach Anstrengung nicht so schnell regenerieren wie beim Wolf. Die Lunge ist auch bei unserem Hetzjäger Hund sehr leistungsfähig.

Inzwischen ist es wissenschaftlich eindeutig erwiesen:
Der Hund stammt vom Wolf ab. Und dieser
Tatsache sollte sich jeder Hundehalter bewusst sein.

Haut und Haare: Das Fell des Hundes dient dem Temperaturausgleich bei Hitze und Kälte. Da der Hund keine Schweißdrüsen und keine Hautporen hat, muss er bei Hitze die Temperatur durch Hecheln ausgleichen. Unter den verschiedensten Haararten, die der Mensch dem Hund angezüchtet hat, ist das sogenannte Stockhaar mit Unterwolle, wie wir es vom Deutschen Schäferhund kennen, dem Haarkleid des Wolfes am ähnlichsten und für alle Klimazonen der Erde am zweckmäßigsten.

Mit hervorragenden Sinnen ausgestattet

Lediglich beim Schmecken sind wir Menschen dem Hund überlegen, ansonsten ziehen wir ihm gegenüber eindeutig den Kürzeren. Unser Geschmacksvorteil lässt sich leicht erklären, schließlich ist der Hunde- und Wolfsmagen auf naturbelassene Nahrung eingestellt. Kaninchen in Estragonsahne oder Ente à l'Orange findet sich nun mal nicht auf dem Speiseplan der Natur. Verblüffend sind dagegen wissenschaftliche Untersuchungen, die gezeigt haben, dass manche Hunde geradezu telepathische Fähigkeiten haben. Sie warnen ihren Menschen beispielsweise vor einem epileptischen Anfall oder einer Unterzuckerung oder zeigen Erdbeben schon Tage vorher an. Auch ihr Orientierungssinn oder das Empfinden für die psychische Verfassung ihres Menschen versetzen uns immer wieder in Erstaunen.

Riechen: Gerüche bestehen aus feinsten, in der Luft schwebenden oder an Gegenständen anhaftenden Molekülen. Um diese wahrzunehmen besitzt zum Beispiel ein Deutscher Schäferhund 220 Millionen Riechzellen, der Dackel dagegen »nur« 125 Millionen, während der Mensch lediglich etwa fünf Millionen Riechzellen hat. Diese ererbte hervorragende Fähigkeit hat der Mensch durch züchterische Auslese teilweise sogar noch spezialisiert, beispielsweise bei Jagd- und Fährtenhunden.
Aber auch bei der Verständigung unter Artgenossen (olfaktorische Kommunikation) spielt der Geruchssinn eine wesentliche Rolle. Im Gegensatz zu unserer optisch empfundenen Welt, erlebt der Hund seine Umwelt als intensive

»Mundwinkellecken« ist eine liebevolle Begrüßungsgeste.

Die Neugierde und etwas Erkunden wollen sind Triebfedern des Lernens. Das Beobachten und Beschnuppern von allem, was die Umwelt so bietet, fördert die Selbstständigkeit.

Geruchsbilder, welche er in seiner Erinnerung speichert. Mithilfe dieser geruchlichen Erinnerung kann er sich zum Beispiel immer wieder perfekt orientieren und sein Heimfindevermögen, aufgrund seiner guten Nase, grenzt für uns nicht selten an ein Wunder. Daher ist es schon für den Welpen sehr wichtig, dass sein geruchliches Talent täglich gefordert und gefördert wird (→ Seite 105).

Sehen: Wie sein Uhrahne, der Wolf, ist der Hund bis heute ein exzellenter »Bewegungsseher«, obwohl er diese Fähigkeit schon längst nicht mehr braucht. Er muss nicht von der Jagd leben. Dennoch erkennt er selbst kleinste, sich blitzschnell bewegende Tiere oder rollende oder fahrende Gegenstände auf größere Entfernungen. Durch diesen Bewegungsreiz wird beim Hund in der Regel sofort der Beute- oder Nacheiltrieb ausgelöst (→ Seite 129). Dabei können natürlich in Verkehrsbereichen gefährliche Situationen entstehen, wenn ein noch unerzogener Hund nicht angeleint ist.

Farben sehen Hunde nicht so klar wie der Mensch, weil es für einen »Beutegreifer« nicht relevant ist, welche Farbe sein Beutetier hat. Dagegen sorgt eine lichtreflektierende Schicht im Auge dafür, dass der Hund wie auch der Wolf in der Dämmerung noch gut sieht. Hunde sehen im Wesentlichen den Spektralbereich von Gelb über Grün und Blau, wobei ihnen Objekte, die für uns grün sind, farblos und rote Objekte gelb erscheinen.

Hören: Die natürliche Ohrform ist das vom Wolf ererbte Stehohr. Jedes Ohr ist einzeln drehbar wie ein Radarschirm und kann Geräusche aus allen Richtungen orten und identifizieren. Der Hund hört auch noch Töne aus dem Ultraschallbereich (über 20 000 Hertz), also beispielsweise ein Mäusetrippeln. Er ist uns also im Wahrnehmen von sehr leisen Geräuschen weit überlegen. Hundezüchter haben aber auch noch andere Ohrvarianten geschaffen, wie zum Beispiel das Kippohr beim Collie oder die Schlappohren bei vielen Jagdhunderassen. Das Verkrüppeln der Ohren und auch der Schwänze durch Kupieren (zu- und abschneiden), wie es lange Zeit beispielsweise beim Boxer praktiziert wurde, ist in Deutschland glücklicherweise inzwischen längst verboten. Leider lassen immer noch sogenannte »Hundeliebhaber«, die Freude an solch verkrüppelten Hunden haben und denen es scheinbar nichts ausmacht, dass ihre Hunde nur eingeschränkt mit Artgenossen, aber auch mit ihnen kommunizieren können, ihre Tiere im Ausland kupieren oder kaufen sie von dort bereits »zugeschnitten«.

Tasten: Mithilfe des Tastsinnes kann der Hund Berührung, Temperatur und Schmerz empfinden. An den Wangen, an der Kehlwarze und dem Kinn, an den Augenbrauen und am sogenannten Schnurrbart hat der Hund Sinnes- oder Tasthaare, die äußerst sensible Nervenenden haben. Besonders ausgeprägt ist sein Tastgefühl am Nasenspiegel, an den Lippen, der Zunge und an den Pfotenballen. Der Tastsinn ist von großer Bedeutung beim Spielen mit Artgenossen, beim Belecken und Bepföteln. Der Hund lernt dabei unter anderem schon als Welpe, wann sein Spielpartner zum Beispiel Schmerz empfindet und stellt dann künfig sein Verhalten beim Spielen und Raufen entsprechend darauf ein.

Die lieben Triebe …

Alles, was Ihr Hund so den ganzen Tag unternimmt, wird von seinen angeborenen Trieben ausgelöst und bestimmt.

MEIN HEIMTIER

Wie entwickelt sich das Wesen Ihres Welpen?

Beurteilen Sie die Wesensentwicklung Ihres Welpen in allen Situationen. Schreiben Sie Ihre Ergebnisse auf. Notieren Sie laufend positive oder negative Veränderungen, und versuchen Sie diese zu ergründen!

Der Test beginnt:

○ Wie stark oder schwach ist die Bindung des Welpen an die einzelnen Familienmitglieder?
○ Wie ist sein Verhalten fremden Menschen und Hunden gegenüber?
○ Ordnet er sich willig unter?
○ Wie groß sind sein Temperament und seine Vitalität?
○ Wie lässt er sich zu welchem Spiel motivieren?

Mein Testergebnis:

Die Mutter will nicht immer so wie ihr Kind. Das zeigt sie ihm deutlich.

Die wichtigsten Triebe des Hundes sind:

- Der Meutetrieb ist für die Unterordnung und den Gehorsam wichtig.
- Der Beutetrieb ist fürs Jagen nötig.
- Der Fresstrieb ist lebenswichtig.
- Der Neugierdetrieb ist die Triebfeder zum Lernen.
- Der Aggressionstrieb zeigt sich beim Bewachen und Verteidigen. Beim Familienhund ist er unerwünscht und sollte deshalb bereits bei der Welpenerziehung zurückgedrängt werden.
- Der Fluchttrieb kann das Leben des Hundes retten.
- Der Sexualtrieb dient der Erhaltung der Art.
- Der Ruhetrieb sorgt für Entspannung.
- Der Körperpflegetrieb dient der Gesunderhaltung und dem Komfortverhalten wie etwa dem Sich-strecken oder -schütteln.

- Der Mutter- und Pflegetrieb ist für Hündinnen zur Welpenaufzucht notwendig.
- Der Körperausscheidungstrieb muss bei der Erziehung zur Stubenreinheit reguliert werden.

All diese Triebe sind vom Wolf vererbt, auch heute noch zum größten Teil lebenswichtig und durch entsprechende Reize jederzeit bei Ihrem Vierbeiner auslösbar. Durch Erziehung kann man diese Triebe lediglich hemmen oder, wenn sie erwünscht sind, fördern. Abstellen können Sie sie jedoch nicht. Manche Triebe, wie etwa der Sexualtrieb entwickeln sich erst beim ausgewachsenen Hund. Andere Triebe, wie zum Beispiel der Beutetrieb, sind bereits im Welpenalter voll entwickelt, kommen aber erst durch ihre jeweiligen Erfolge (Trieberfüllungen) zur vollen Geltung.

Bleiben wir beim Beispiel Beutetrieb. Er wird durch einen Schlüsselreiz, beispielsweise ein Kaninchen, ausgelöst und führt zur sogenannnten »Triebstimmung«. Es kommt zur entsprechenden »Instinkthandlung«, nämlich dem Jagen mit eventueller »Endhandlung« und »Triebbefriedigung«, dem Fangen und Reißen der Beute.

Wie schnell ein Hund auf einen Reiz reagiert, ist von der Höhe seiner momentanen Reizschwelle abhängig. Bei niedriger Reizschwelle reagieren Hunde buchstäblich bereits auf das »Husten eines Flohs«, bei hoher Reizschwelle dagegen ist der Hund nur schwer zu »reizen«. Die Höhe der Reizschwelle ist beim gleichen Hund nicht allein von seinem Charakter abhängig, sondern sie kann sich von Fall zu Fall verändern. Mehr über die Triebe des Hundes erfahren Sie in den nachfolgenden Kapiteln.

Kleine Rassenkunde

Haben Sie sich bereits in eine bestimmte Hunderasse und einen süßen Welpen »verliebt«? Hier erfahren Sie auch, wie Ihr kleiner Liebling als erwachsener Hund aussieht und mit welchen Eigenschaften er ausgestattet ist.

ALS DIE MENSCHEN mit der Zeit bestimmte Verwendungsmöglichkeiten des Hundes erkannten, verpaarten sie gezielt immer nur Hunde miteinander, die ihren Ansprüchen am meisten entsprachen. Man legte vor allem großen Wert auf Kraft, Schnelligkeit, Ausdauer und Gesundheit. Gleichzeitig nahm unter der Obhut des Menschen die Formenvielfalt dank der vom Wolf geerbten innerartlichen Variabilität der Hunde zu, weil auch Hunde mit Übergröße oder Zwergenwuchs oder Hunde mit auffallender Fellfarbe aufgezogen wurden. Diese hätten ohne den Menschen in der freien Natur nicht überlebt. Von Rassen konnte man damals jedoch noch nicht sprechen. Es handelte sich um eine Kreuzungszucht verschiedener Hundeschläge, die man heute als Mischlinge bezeichnen würde.

Gezielte Hunde-Zucht

Erst gegen Mitte des 19. Jahrhunderts, und für manche jüngere Rassen erst Anfang des 20. Jahrhunderts, begann man mit der Reinzucht, also der Verpaarung von Hunden gleicher Rasse oder gleichen Schlages mit gesicherter Abstammung. Zu diesem Zweck fing man an, Zuchtbücher und Stammbäume (Abstammungsnachweise) zu führen. Auf-

gestellte Standards schreiben seitdem vor, wie die jeweiligen Rassen auszusehen haben. Schon in der zweiten Hälfte des 19. Jahrhunderts erkannte man aber die negative Wirkung der Inzucht auf diese Form der modernen Hundezucht. Man fand heraus, dass Mischlinge meist von rassespezifischen Erbkrankheiten verschont blieben. Dies bewirkt die sogenannte Heterosis, auch Kreuzungsvitalität genannt.

Wegen des angestrebten Schönheitsziels und verschiedener, meiner Meinung nach nicht tiergerechten Zuchtstandards, will man jedoch heute nicht mehr zur Kreuzungszucht zurückkehren. In der Nutztierzucht dagegen wird sie zur Vitalitätssteigerung mit Erfolg gezielt eingesetzt.

TIPP

Verbände und Vereine

Seit 1911 besteht die Fédération Cynologique Internationale (FCI), die Weltorganisation der Kynologie. Ihr ist in Deutschland der Verband für das Deutsche Hundewesen (VDH) angeschlossen, der wiederum die Zuchtvereine von 250 Rassen betreut (→ Adressen, Seite 141). Übrigens sind zurzeit 339 Rassen anerkannt.

Rasseporträts
auf einen Blick

◀ West Highland White Terrier

Die Vorfahren des »Westi« waren braune Cairn Terrier. Die weiße »Variante«, der West Highland White Terrier entstand deshalb, damit man ihn bei der Jagd besser von Kaninchen und Füchsen unterscheiden konnte. Heutzutage gehört der »Westi« zu den beliebtesten Haus- und Familienhunden. Er ist manchmal eigensinnig, doch das macht er mit seinem besonderen Charme wieder wett. Im Gegensatz zu anderen Terriern ist er kaum aggressiv.

Cavalier King ▶
Charles Spaniel

Seine Schönheit verzaubert in letzter Zeit immer mehr Liebhaber. Er erfüllt auch alle Voraussetzungen eines, speziell für die Stadt geeigneten, Familienhundes. Der Cavalier King Charles Spaniel spielt gern mit Kindern und ist leicht zu erziehen.

Mops

Er ist durchaus eine Persönlichkeit, und seine Fan-Gemeinde wächst ständig. Achten Sie darauf, dass er eine gut ausgebildete Nase hat.

Dackel

Er schaut, als könne er kein Wässerchen trüben, hat es aber faustdick hinter den Ohren. Schon von frühester Jugend an muss er konsequent erzogen werden, sonst übernimmt er die Führung im »Mensch-Hund-Rudel«. Kindern gegenüber erweist er sich manchmal als »Raubein«.

Zwergschnauzer ▶

Er steht dem Dackel in seiner »Schlitzohrigkeit« in nichts nach. Der Zwergschnauzer ist ein unerschrockener Draufgänger und ein guter Wächter, der dabei dann auch allerdings sehr lautstark sein kann.

Chihuahua

Der kleinste Hund der Welt ist ebenfalls eine ernst zu nehmende Persönlichkeit. Er ist gelehrig und wachsam.

West Highland White Terrier

Angeblich entstand der »Westi« aus dem rötlich braunen Cairn-Terrier, weil der Lieblingshund der Familie Malcolm of Poltalloch auf der Jagd irrtümlich für einen Fuchs gehalten und erschossen worden war. Den blütenweißen Westi konnte man dann besser als Hund erkennen. Ab 1970 kam er bei uns so in Mode, dass sich skrupellose »Vermehrer« auf Kosten der Qualität der Rasse »goldene Nasen« verdienten. Achten Sie beim Kauf unbedingt auf die Qualität des Züchters. Der kleine, immer zu Späßen aufgelegte, selbstbewusste Hund ist eine große Persönlichkeit. Er ist jedoch nicht pflegeleicht, weil er regelmäßig getrimmt werden muss. Ein idealer Familien- und Kinderhund. Auch für Anfänger und ältere Menschen geeignet.

Cavalier King Charles Spaniel

Diese Hunde waren die Lieblingshunde der englischen Könige. Sie ähneln dem King Charles Spaniel, der jedoch eine etwas längere Schnauze hat und etwas größer ist. Der Cavalier King Charles Spaniel ist ein idealer Hund für die Stadt und erfreut sich in letzter Zeit immer größerer Beliebtheit. Das führte zu Massenzuchten mit intensiven Inzuchten, was eine starke Zunahme von lebensbedrohlichen Herzkrankheiten zur Folge hatte. Überprüfen Sie beim Kauf die medizinische Vorgeschichte über mehrere Generationen hinweg. Er ist ein fröhlicher, freundlicher, liebevoller und sehr personenbezogener Hund. Spaziergänge liebt er, bleibt aber bei schlechtem Wetter auch gern daheim. Geeignet für ältere Menschen und Anfänger in der Hundehaltung.

Dackel, Dachshund, Teckel

Er dient auch heute noch vielfach als Jagdgebrauchshund. Im Mittelalter nannte man ihn Dachsschliefer oder Lochhündlein, was seinen Verwendungszweck bezeichnet. Erst ab 1888 wird der Dackel rein gezüchtet. Es gibt ihn in drei verschiedenen Haararten: Kurzhaar, Langhaar und Rauhaar und in jeweils drei Größen: Normalschlag, Zwerg- und Kaninchendackel. Interessant: Die Größe wird nicht wie bei allen anderen Hunderassen am Widerrist, sondern am Brustumfang hinter den Vorderläufen gemessen. Der Dackel ist sehr aufgeweckt, anhänglich und schlau. Gehen Sie sehr konsequent mit ihm um, sonst übernimmt er die Führung. Seit Jahrzehnten kämpft er mit dem Deutschen Schäferhund um den Spitzenplatz als beliebtester Hund.

Mops

Im 17. Jahrhundert kam der Mops, auch Pug genannt, von China nach Europa. Angeblich wurden seine Vorfahren schon vor 2400 Jahren aus Doggen herausgezüchtet und waren einst Gefährten buddhistischer Priester. Der durch die Niederländische Ostindische Gesellschaft nach Holland eingeführte Mops war zunächst Begleithund von Aristokraten und Königen. Seit Langem hüpft er jedoch auch lustig schnaufend als idealer Gesellschaftshund durch unsere Wohnungen. Er ist verspielt, freundlich und intelligent. Der Mops lässt sich gut erziehen, kann aber bisweilen etwas stur sein. Kaufen Sie nur bei Züchtern, die ihm inzwischen mehr Nase zugestehen, damit er freier atmen kann. Ein idealer Begleiter für ältere Hundeliebhaber und Anfänger.

Chihuahua

Den kleinsten Hund der Welt gab es angeblich schon bei den Azteken, allerdings nur in der Kurzhaarversion. Sein Ursprung ist nicht genau erwiesen. Man vermutet, dass 1519 kleine Hunde mit den spanischen Eroberern nach Amerika gelangt sind. Azteken hielten angeblich blaue Exemplare für heilig und opferten solche mit rotem Fell bei Totenverbrennungen. Der Chihuahua ist liebevoll, verschmust, gelehrig und wachsam. Bei Begegnungen mit großen Hunden neigt er manchmal zum Größenwahn und lässt alle Hunderegeln außer Acht, wenn er in den Prägungsphasen nicht ausreichend sozialisiert wurde. Nässe und Kälte liebt er nicht. Von umtriebigen Kindern ist er schnell genervt. Gut geeignet für ältere Menschen und Anfänger in der Hundehaltung.

Zwergschnauzer

Der Zwergschnauzer ist das verkleinerte Abbild der größeren Schnauzer und war früher ein tüchtiger Rattenjäger. 1899 wurde er erstmals als eigene Rasse ausgestellt. Heute wird er als beliebter Begleithund gehalten. Die Massenzucht hat ihm leider teilweise Wesensschwäche und Erbkrankheiten eingebracht. Stammt er aus guter Zucht, ist er ein selbstbewusster Begleiter und ein unerschrockener, aber lauter Wächter. Er verträgt sich gut mit Kindern und Artgenossen und fügt sich bereitwillig in die Familie ein. Der Schnauzer allgemein haart sehr wenig, braucht aber eine regelmäßige Fellpflege (Trimmen). Wenn er konsequent erzogen wird, ist er auch für ältere Menschen und für Anfänger in der Hundehaltung ein idealer Begleiter.

◀ Australian Shepherd

Er gehört in Amerika zu den »Top-Ten« der beliebtesten Hunderassen. Der temperamentvolle Australian Shepherd braucht viel Bewegung und Aufgaben, die ihn fordern.

▲ Pudel

Der Pudel wurde als Jagdhund für die Wasserjagd gezüchtet. Aus ihm entstanden viele Jagd- und Hütehunderassen.

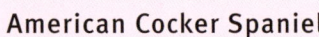

▲ American Cocker Spaniel

Kein Wunder, dass der hübsche Cocker Spaniel auch schon einmal »Modehund« war. Die Rasse litt deshalb unter verantwortungslosen »Vermehrern«. Zum Glück wird er aber heute wieder von verantwortungsvollen Züchtern in guter Qualität gezüchtet.

▲ English Cocker Spaniel

Hier eine schwarze Variante des Cockers. Der American Cocker Spaniel entstand aus den English Cockern.

Labrador Retriever ▶

Von seinen Fans liebevoll »Labi« genannt, ist der Labrador Retriever zurzeit der Familien- und Kinderhund Nummer 1. Der Labrador Retriever ist nervenstark und hat ein ausgeglichenes Wesen. Er zeigt einen ausgeprägten »will to please«, ist also bestrebt, seinem Besitzer zu »gefallen«. Für diesen Hund ist es besonders wichtig, dass er einen engen Familienanschluss hat.

Parson Jack Russell Terrier

Der Parson Russell und sein kurzbeiniger Bruder Jack Russel Terrier gehören zu sportlichen Menschen, die diesen Hunden genügend »Action« bieten können.

▼

Golden Retriever

Hier ein Exemplar mit fast weißem Fell. Der Golden ist ebenso wie der Labrador Retriever ein leidenschaftlicher Schwimmer, und er apportiert gern.

Australian Shepherd

Schafzüchter, die nach Amerika einwanderten, brachten aus verschiedenen Ländern ihre Schäferhunde mit. Diese vermischten sich mit dingo- und collieblütigen Hütehunden, die mit Schafimporten aus Australien in die USA kamen. So entwickelte sich daraus der Australian Shepherd, der in Amerika inzwischen zur beliebtesten Hunderasse gehört. Seit einigen Jahren erobert er als talentierter Sporthund auch die Hundesportplätze in Deutschland. Der Australian Shepherd ist ausdauernd und temperamentvoll, menschenfreundlich und friedlich mit anderen Tieren. Er lernt leicht und sehr gern, verlangt aber entsprechende Aufgaben, die fordern, und viel Bewegung. Ein ausgesprochener Familienhund für sportliche Anfänger.

Pudel

Diese Hunderasse ist uralt, und man weiß nicht sehr viel über ihre Entstehung. Fest steht, dass er ein hervorragender Jagdhund, speziell für die Wasserarbeit, war. Aus ihm entstanden viele Jagd- und Hütehunde. Trotz seiner manchmal eigenartigen Frisuren ist er einer der beliebtesten Begleithunde unserer Zeit. Die Größen, Groß- oder Königspudel, Kleinpudel, Zwergpudel und Toypudel stehen zur Auswahl. Zwischen 1950 und 1970 galt der Pudel als Modehund. Die Rasse litt enorm unter der Massenzucht. Jetzt erholt sie sich bei guten Züchtern wieder. Der Pudel lernt alles. Er ist lauffreudig und robust und will überall mit dabei sein. Er muss regelmäßig getrimmt werden, dafür haart er nicht. Ideal für Anfänger in der Hundehaltung.

Cocker Spaniel

Angeblich jagte er im 19. Jahrhundert Waldschnepfen. Die Bezeichnung Spaniel zeigt seine Abstammung von spanischen Jagdhunden. Sie konnten stöbern, spurlaut jagen, apportieren und dem Jäger die erlegte Beute anzeigen. Heute werden fast alle Spanielarten nur noch als Begleithunde gehalten. Die bekanntesten Cocker-Rassen sind der Englische und der von ihm abstammende Amerikanische Cocker-Spaniel. Beide Cocker-Arten sind in der Familie lebhaft und verspielt, freundlich und aufgeschlossen. Cocker sind leicht erziehbar, wenn dies konsequent, aber ohne Härte geschieht. Dieser Hund braucht viel Beschäftigung. Hundesport macht ihm viel Freude, wenn man es nicht übertreibt. Ein Hund für sportliche Anfänger in der Hundehaltung.

Labrador Retriever

Es gibt ihn in den Fellfarben schwarz, blond oder braun. Neben seinen guten Jagdeigenschaften ist er unter anderem ein hervorragender Drogensuch-, aber vor allem Blindenführhund. Der Labrador Retriever ist anhänglich, nervenstark, geduldig und spielfreudig mit Kindern, wildert und streunt nicht. Er braucht eine konsequente. aber gewaltlose Erziehung. Labrador Retriever neigen zu Übergewicht, weil sie sehr verfressen sind. Durch zu viel Fett auf dem Körper wird er unbeweglich und langweilig. In seinem Ursprungsland, im Süden Neufundlands, wurde der Labrador Retriever zur Wasserarbeit verwendet. Daher kommt seine große Liebe zum Schwimmen. Er ist ein problemloser Begleiter auch für Anfänger in der Hundehaltung.

Golden Retriever

Lord Tweedmouth war der Schöpfer dieser Rasse. 1868 kreuzte er einen gelben Labrador, einen Tweed-Water-Spaniel, einen Irish Setter und einen sandfarbenen Bloodhound als Ausgangsrasse für den »Goldi«. Wesensmäßig ähnelt der Golden Retriever dem Labrador. Er ist ein anpassungsfähiger Familienhund, allerdings nicht so vielseitig verwendbar wie der Labrador. Man könnte den Golden Retriever als »Seelchen« bezeichnen. Wie der Labrador ist er ein leidenschaftlicher Schwimmer und Apportierer, braucht viel Beschäftigung und konsequente Erziehung. Als Modehund ist die Rasse durch Massenzucht leider geschädigt worden. Kommt er aber aus guter Zucht, ist er ein geeigneter Hund für Anfänger in der Hundehaltung.

Parson Russel Terrier

Bis 1980 wurden die weißbunten Jagdterrier nach den Vorstellungen ihres Erfinders, dem Pfarrer Parson Russel, nur auf Leistung gezüchtet. Jetzt basiert die Zucht genauestens nach Standardvorschriften. Der »Jägerpfarrer« aus Devon in Westengland bevorzugte den drahthaarigen Typ, der so hochläufig war, dass er die berittenen Jäger begleiten und so klein, dass er Füchse aus dem Bau treiben konnte. Die kleinere Ausgabe mit deutlich kürzeren Läufen ist als »Jack Russel Terrier« anerkannt. Beide fast identische Rassen sind äußerst lebhafte Hunde. Ihre Selbstständigkeit und ihr sturer Durchsetzungswille macht sie nicht gerade zum idealen Begleithund. Kein Hund für Anfänger in der Hundehaltung oder ältere Menschen, die ihre Ruhe haben wollen.

Deutsche Dogge

Dieser Hund erreicht eine Schulterhöhe von mindestens 80 Zentimeter. Doggen sind gutmütig, brauchen engen Familienanschluss und viel Bewegung. Kein Hund für »Stubenhocker«.

Deutsche Dogge

Heute kann meist schon allein aus Platzgründen kaum jemand solch einen herrlichen, aber riesigen Hund halten.

Collie Langhaar ▶

Als »Lassie« wurde der Collie weltbekannt. Er ist ein kluger Hütehund, der ausreichend Beschäftigung braucht. Für ihn, als »Sensibelchen«, sind verständnisvolle Menschen besonders wichtig. Der Collie liebt Sportarten wie Agility, Obidience und Turnierhundesport.

▲

Airdale Terrier

Der temperamentvolle Terrier lernt gern und ist gut erziehbar. Er braucht viel Auslauf und gezielte Beschäftigung. Ein Hund für aktive Menschen.

▲

Deutscher Schäferhund

Auch wenn die beiden Welpen so niedlich ausschauen und der Deutsche Schäferhund zu den beliebtesten Hunderassen gehört: Der Schäferhund ist nicht für Anfänger in der Hundehaltung geeignet. Zum »Kommissar Rex« wird er nur nach einer umsichtigen Erziehung und guten Ausbildung.

Deutscher Boxer ▶

Er ist ein Energiebündel, das unbedingt eine sinnvolle Beschäftigung zum Beispiel im Hundesport braucht. Dieser anhängliche, verspielte und kinderliebe Hund eignet sich auch für Anfänger in der Hundehaltung.

▲

Berner Sennenhund

Schon als Zwerg strahlt der Berner die Autorität des Erwachsenen aus. Durch eine liebevolle Erziehung wird er ein wunderbarer Familienhund.

Deutsche Dogge

Schon die Germanen gingen mit doggenartigen Hunden auf Wildschweinjagd. Später war es nur dem Adel vorbehalten, mit ganzen Meuten solcher Riesenhunde auf »Sauhatz« zu gehen. Seit aber Fürst Bismarck die Deutsche Dogge zum »Reichshund« befördert hat, wird sie nur noch als imposanter Begleithund gehalten. Seit Jahrzehnten wird diese Rasse nur noch auf Sanftheit hin gezüchtet. Bei konsequenter Erziehung ist die Deutsche Dogge ausgeglichen und liebevoll zu ihren Menschen und den Kindern. Da die Deutsche Dogge gern in der Familie leben möchte, braucht sie viel Platz. Zwingerhaltung würde diesen Hund krank machen. Stammt die Dogge aus einer guten Zucht, ist sie ein herrlicher Hund für fortgeschrittene Hundehalter.

Collie

Ursprünglich war der Langhaar-Collie ein robuster Schottischer Schäferhund. Seinen Ursprung hatte er im kalten Nordschottland, und er hatte als Gebrauchshund kürzere Läufe und eine kürzere Nase als die elegante Rasse von heute. Erst als man Mitte des 19. Jahrhunderts durch Einkreuzen des Setters und des Barsois einen Ausstellungshund aus ihm machte, begann sein Weg zum Modehund. Massenzuchten machten die Rasse fast kaputt. Inzwischen gibt es wieder gute Zuchten. Der Collie ist ein kluger, familienbezogener, leicht erziehbarer Hund, mit angeborenem Wach- und Schutztrieb, der aber Beschäftigung verlangt. Sein prächtiges, langes Haarkleid ist leider sehr pflegeaufwendig. Auch für Anfänger in der Hundehaltung geeignet.

Deutscher Schäferhund

Eine der vielseitigsten Hunderassen in Bezug auf seine Verwendbarkeit zum Beispiel als Hüte-, Schutz- und Polizeihund, Blindenführ-, Behindertenhilfs- und Lawinenrettungshund. Als Helfer in den Armeen, als Drogen-, Sprengstoff- oder Leichsuchhund kann der Deutsche Schäferhund noch durch kein technisches Gerät ersetzt werden. Bei konsequenter Erziehung fügt er sich gut in die Familie ein. Geeignet für Menschen, die ihn täglich ausgiebig körperlich und geistig beschäftigen können. Mit Kindern, die zur Verantwortung erzogen wurden, versteht er sich prächtig. Wachsamkeit und Schutztrieb sind ihm angeboren und brauchen durch Reizübungen nicht extra geweckt zu werden. Für Anfänger in der Hundehaltung ist er weniger geeignet.

Airedale Terrier

Die Rasse entstand in der englischen Grafschaft Yorkshire im Tal der Aire aus Otterhound, Bullterrier, Gordon Setter und Black and Tan Collie. Sein Erstzüchter, Wilfried Holmes, schuf auf diese Weise einen vielseitigen, schneidigen und wetterfesten Hund. In den letzten zwei Weltkriegen bewährte sich der Airedale Terrier als Sanitäts- und Meldehund. Er ist temperamentvoll, gut erziehbar und wachsam mit guten Schutzhundeigenschaften. Er braucht eine konsequente Erziehung und regelmäßige Aufgaben, die ihn auch geistig fordern. Die Fellpflege ist aufwendig, weil er regelmäßig getrimmt werden muss. Bis ins hohe Alter kann er ein richtiger Clown sein, der viel Freude bereitet. Ein Hund für schon etwas fortgeschrittene Hundehalter mit Humor.

Berner Sennenhund

Er gehört zu den schönsten Bauernhunden, deren Hauptberuf das Bewachen eines Hofes ist. Seine Popularität nimmt rasch zu. Im späten 19. Jahrhundert wäre die Rasse beinahe ausgestorben, wenn nicht ein Züchter namens Franz Schertenleib in der Region Bern noch einige Restexemplare entdeckt hätte. In den 1930-iger Jahren wurde er auf größere Körpermaße gezüchtet, was in einigen Zuchtlinien zu Wesensschwächen führte. Heute ist er ein idealer »Kinderwächter«, liebevoll und zuverlässig. Fremden gegenüber ist er misstrauisch. Er liebt Spaziergänge und den Aufenthalt im Freien, ist aber nicht besonders sport- und lauffreudig. Eine konsequente Erziehung reicht, um aus ihm einen angenehmen und folgsamen Haus- und Hofhund zu machen.

Boxer

Ein klassischer Vorfahre des Boxers, der Bullenbeißer, wurde in Deutschland und Holland zur Hirsch- und Wildschweinjagd verwendet. So wie der Boxer heute aussieht, entstand er aus Kreuzungen des Brabanter Bullenbeißers mit bayerischen und anderen ausländischen Rassen. Aus diesen Kreuzungen entwickelte sich ab ca. 1860 ein brauchbarer Dienst- und Gebrauchshund. Der Boxer gilt als freundlich und verspielt, aber wenn es sein muss, verteidigt er seine Menschen auch ernsthaft. Seine Geduld mit Kindern ist grenzenlos. Seine Stimmung kann man bei ihm an seinem Gesicht ablesen. Der Boxer braucht eine liebevolle, aber konsequente Erziehung und viel Beschäftigung. Dann ist er auch für Anfänger in der Hundehaltung geeignet.

WEITERE BELIEBTE HUNDERASSEN IM ÜBERBLICK

	Eigenschaften	Bewegungs- und Beschäftigungsbedürfnis
Bernhardiner	Aus guter Zucht gutmütig und treu, mit Kindern geduldig, ausreichender Schutztrieb.	Kein großes Laufbedürfnis, braucht aber ausreichend Bewegung.
Border Collie	Energiebündel mit hoher Intelligenz. Leichtführig, unterordnungsbereit und liebenswert.	Auch regelmäßiger Agility-Sport befriedigt seine Intelligenz und seinen Arbeitseifer nicht.
Boston Terrier	Er ist harmlos und menschenfreundlich, aber selbstbewusst.	Er lernt sehr schnell jedes Kunststück.
Dalmatiner	Ein auffallender, angenehmer Begleithund, der temperamentvoll ist.	Stundenlanges Begleiten von Radfahrern oder Reitern können einen Dalmatiner glücklich machen.
Französische Bulldogge	Sie ist leichtführig, anschmiegsam, zärtlich, immer lustig und anspruchslos.	Sie braucht keine großen Spaziergänge, will aber überall dabei sein.
Hovawart	Guter Wächter. Er kann auch ohne Ausbildung zwischen Gut und Böse unterscheiden.	Er braucht eine konsequente Erziehung und ausreichend Bewegung.
Kleiner Münsterländer	Lebhaft, anhänglich, ordnet sich gut unter. Liebt auch Kinder.	Der vielseitige Jagdhund braucht in privater Hand viel Ersatzbeschäftigung und Bewegung.
Kromfohrländer	Er ist fröhlich und anhänglich, ohne unterwürfig zu sein.	Er braucht Beschäftigung und eignet sich für Agility.
Weißer Schweizer Schäferhund	Er ist etwas sanfter und sensibler, als der Deutsche Schäferhund, was ihm als Begleithund nicht schadet.	Nach konsequenter Erziehung braucht er Sport und spielerische Beschäftigung.
Zwergspitz	Ein fröhlicher, selbstbewusster, intelligenter Hund, der seinen Herrn grenzenlos liebt.	Er braucht keine besondere Beschäftigung. Er ist einfach da und bewacht.

Pflegeaufwand	Geeignet für ...
Sein langes Fell ist etwas pflegeaufwendig.	Er sucht die enge Bindung an den Menschen. Im Zwinger würde er krank werden.
Sein seidiges Fell ist leicht zu pflegen.	Dieser herrliche Hund sollte in den Händen von Schäfern bleiben.
Er haart nicht und riecht nicht nach Hund.	Für Menschen, die einen nicht zu großen, aber doch einen richtigen Hund haben wollen.
Einfache Fellpflege, doch die Einzelhaare spießen sich in alle Textilien.	Er braucht sportliche Menschen, die sich gern zügig in der freien Natur bewegen.
Das Fell ist pflegeleicht, Bulldoggen lieben Bürsten-massagen.	Für Menschen jeglichen Alters geeignet.
Die Pflege seines Stockhaares ist einfach, aber etwas zeitraubend.	Für Menschen mit genügend Platz, die ihm Familienanschluss und viel frische Luft bieten.
Das angenehm weiche Fell ist pflegleicht.	Er wünscht sich aktive Naturliebhaber. Am liebsten aber einen Jäger.
Seine Pflege ist nicht besonders aufwendig.	Er liebt aktive Menschen, die ihm Aufgaben stellen.
Sein Stock- oder Langstockhaar muss regelmäßig gepflegt werden.	Er braucht konsequente Menschen mit genü-gend Zeit.
Pflegeintensives, langes Fell in vielen schönen Farben.	Für Menschen jeglichen Alters, die aber in einer ländlichen Gegend wohnen sollten, weil er in seinem Bewachungseifer laut bellt.

Wie Hunde leben möchten

Mensch und Hund: ein »Dreamteam«, wenn sich beide vom anderen verstanden fühlen. Dabei ist es gar nicht so schwer, solch ein wunderbares Einvernehmen zu erreichen ...

Grundrechte des Familienhundes

Der gute Wille allein genügt nicht, um einem Hund gerecht
zu werden. Es ist vor allem wichtig, sich schon vor seiner
Anschaffung mit seinem Wesen auseinanderzusetzen.

DEN BEDÜRFNISSEN EINES HUNDES können Sie erst dann gerecht werden, wenn Sie sie kennen. Nicht selten werden aber die Ansprüche des Hundes und die damit verbundenen Aufwendungen von begeisterten Tierfreunden unterschätzt. Machen Sie sich daher von vornherein klar, was alles auf Sie zukommt, wenn Sie sich einen Hund ins Haus holen.

Vorher daran denken

Klären Sie zunächst mit Ihren Familienmitgliedern ab, ob wirklich alle! mit der Anschaffung eines Hundes einverstanden sind. Leidet niemand an einer Hundehaarallergie?
Wenn Sie in einer Mietwohnung leben, brauchen Sie die Genehmigung zur Hundehaltung vom Vermieter, bei Eigentumswohnungen in der Regel auch das Einverständnis der anderen Wohnungseigentümer.
Man benötigt eine Menge Wissen, Zeit und Geduld, um einen Hund problemlos zu halten. Vor dem Kauf sollten Sie unbedingt überlegen, ob Sie selbst, aber auch die gesamte Familie die Ansprüche dieser Rasse, für die man sich zunächst meist nur aus rein optischen Gründen interessiert, überhaupt erfüllen kann.

Zeitaufwand Bedenken Sie, unabhängig von der Rasse, den zeitlichen Aufwand, der mit der Hundehaltung verbunden ist: Ein Hund verlangt den ganzen Tag, je nach Rasse, mehr oder weniger Aufmerksamkeit, Fürsorge und erzieherische oder artgerechte Beschäftigung. Zusammen mit dem mindestens zweimaligen Auslauf (je eine halbe Stunde) sollten Sie dafür täglich mehrere Stunden einplanen. Glauben Sie jedoch nicht, dass ein kleinerer Hund weniger Aufwand benötigt. Ob groß oder klein, jeder Hund braucht im Prinzip über seine rassebezogenen Ansprüche hinaus die gleiche Aufmerksamkeit.

Für Welpen die ▶
schönste Sache
der Welt: Ein
ausgelassenes
Spiel, am liebsten
mit Ihnen als
Spielpartner.

Finanzielles Die finanziellen Belastungen für die Haltung eines Hundes sind nicht unbeträchtlich: Die monatliche Hundesteuer kann in manchen Städten 100 Euro und mehr betragen. Dazu kommen Haftpflichtversicherung, Futter, jährliche Impfungen, Hundezubehör, Jahresbeiträge für den Hundeverein, Ausbildungskurse und außerplanmäßige Tierarztkosten bei Verletzungen oder Erkrankungen des Hundes (→ Wussten Sie schon, Seite 37).

Urlaub Selbst bei Urlaubsreisen im Inland ist es nicht immer möglich, den Hund ins Hotel mitzunehmen. Wenn ja, was Sie vor Antritt der Reise klären sollten, müssen Sie oft mit Einschränkungen rechnen. Flugreisen mit Welpe kann ich nicht empfehlen. Sie sind zu stressig für den Kleinen und mit erheblichem Aufwand und Kosten verbunden. Für seine Betreuung zu Hause brauchen Sie eine zuverlässige Urlaubsvertretung, oder Sie tragen die Kosten seiner Unterbringung in einer guten Hundepension. Einem Welpen, der noch nicht lange bei Ihnen lebt, sollten Sie dies anfangs allerdings nicht zumuten.

Was Sie Ihrem Hund bieten sollten

Wenn Sie mit einem ausgeglichenen Hund zusammen leben möchten, dann müssen Sie ihm Folgendes bieten und zwar genau in dieser Reihenfolge:
▸ Beschäftigung und Bewegung
▸ Konsequenz und Disziplin
▸ Liebe und Zuneigung
Beschäftigung und die damit verbundene oder zusätzliche Bewegung in Form von Spiel sollte die wichtigste Aktivität des Welpen mit seiner Bezugsperson sein (→ ab Seite 36).
Bei der Konsequenz und Disziplin geht es um Regeln und erzieherisch gesetzte Grenzen zwischen Hund und Mensch. Liebe und Zuneigung sind für den Hund sehr wichtig, aber nicht dazu da, sich beim Hund permanent »anzubiedern«, indem Sie ihn laufend beschmusen und verhätscheln. Zeigen Sie ihm Ihre Liebe, indem Sie ihn artgerecht hegen und pflegen, sowie seine Ansprüche erfüllen. Unsere liebevolle Zuwendung erfährt er als positive Bestärkung, wenn er etwas geleistet hat.

Worauf der Familienhund Ansprüche hat

Natürlich hat der Hund das Recht auf eine gesunde Ernährung, eine saubere Unterbringung und auf eine bedarfsgerechte, gute Pflege (→ Kapitel 4 und 5).

◂ *Das sieht nach einer wunderbaren Freundschaft aus. Doch beide, Welpe und Kind, müssen lernen, richtig miteinander umzugehen. Hier sind Sie, als Eltern, gefragt.*

Aber auch das Recht auf körperliche Unversehrtheit und entsprechende Sozialkontakte steht dem Hund zu.

Ein guter »Rudelführer« Der Hund wünscht sich als »Rudelgefährten« sachkundige, tierliebe Menschen, die ihm durch konsequentes Führungsverhalten Schutz und Sicherheit geben und sich auf diese Weise Anerkennung und »Respekt« verschaffen. Vielen Hundehaltern gelingt es jedoch nicht, von ihrem Vierbeiner als Leitfigur anerkannt zu werden, weil sie ihn vermenschlichen und ihn an menschlichen Bedürfnissen messen (→ Seite 96). Sie kennen das Wesen und die Fähigkeiten des Hundes nicht und können deshalb seine Bedürfnisse nicht erfüllen. Sie müssen Ihren Hund als Lebewesen mit seinen eigenen Bedürfnissen sehen, das ein Recht darauf hat, dass diese Bedürfnisse respektiert werden. Wird der Welpe vermenschlicht und inkonsequent aufgezogen, sind spätere Konflikte so gut wie vorprogrammiert. Der Hund kann seinen Menschen nicht mehr klar einordnen. Er kann kein Hierarchiegefüge mehr erkennen. Bereits als Welpe erkennt er das Versagen des Menschen mangels fehlender Führungseigenschaften anhand der chaotischen Zustände im Mensch-Hund-Rudel. Jetzt ist er aus seinem angeborenen Rudelinstinkt heraus gezwungen, selbst Schritt für Schritt die Führung im Mensch-Hund-Rudel zu übernehmen, was ihm spätestens mit Erreichung seiner Geschlechtsreife ganz gelingen wird. Der Hund tut das nicht, weil er wie der Mensch vielleicht Karriere machen will, sondern sein angeborener Instinkt zwingt ihn, die Führungsrolle zu übernehmen, um den Fortbestand des Rudels zu sichern. Zu seiner Verwirrung wird er aber nun vom Menschen für

ELTERN-EXTRA

Ihr größter Traum: Ein Hund

Meine 10-jährige Tochter Melanie wünscht sich sehnlichst einen Hund, obwohl wir davon nicht so begeistert sind. Was kommt mit der Anschaffung eines Hundes auf uns zu, und worauf müssen wir achten, damit wir bei der Auswahl des Tieres keinen Fehler machen?

WÜNSCHEN SICH KINDER EINEN HUND haben sie meist bestimmte Vorstellungen, was man alles mit dem Hund machen könnte. In ihren Träumen sehen sie sich mit ihm spielen, herumtoben, Spazierengehen oder ihm Kunststücke beibringen. Sie, als Eltern, sind jetzt offensichtlich so weit, einen Hund »nur für Ihre Tochter« anzuschaffen, obwohl Sie und auch Ihr Mann scheinbar gar kein so großes Interesse daran haben. Bedenken Sie aber, dass Sie als Erwachsene die volle Verantwortung für das Tier, für seine Versorgung und seine Erziehung tragen. Bestimmte Aufgaben sollte selbstverständlich Ihre Tochter übernehmen, um so Verantwortung zu lernen und eine feste Bindung zum Hund aufzubauen. Auf keinen Fall dürfen Sie aber Ihrer Tochter die gesamte Verantwortung allein und ohne Kontrolle überlassen. Sie wäre mit zehn Jahren damit total überfordert.

Test im Vorfeld

Mein Tipp: Probieren Sie zunächst aus, ob es sich beim Wunsch Ihrer Tochter nicht nur um ein »Strohfeuer« handelt und auch, wie Sie mit einem Hund zurechtkämen. Leihen Sie sich zum Beispiel von Bekannten mal über ein Wochenende deren Hund aus und wenn das gut geht, bieten Sie sich als »Hundesitter« an, während Ihre Freunde im Urlaub sind. Gehen Sie einige Wochen lang zusammen mit Tierheimhunden spazieren. Wenn Sie und Ihre Tochter den Durchhaltetest bestanden haben und sich alle! auf einen Hund freuen, erhebt sich nur noch die Frage: Welcher Hund soll es sein?

Der richtige Hund

Ihre Tochter wird möglicherweise von einer bestimmten Rasse träumen. Hier müssen Sie zunächst klären, ob die rassebedingten Verhaltensmuster auch zu Ihren Vorstellungen passen, und ob Sie vor allem die entsprechenden Beschäftigungs-Ansprüche des Tieres erfüllen können. Da es »den« Familienhund oder »den« speziellen Kinderhund als Rasse nicht gibt, sollten Sie das Wissen eines Hundefachmanns einholen, der Ihnen hilft, den passenden Hund zu finden. Ein Welpe begeistert natürlich jeden Tierliebhaber, aber trauen Sie sich zu, ihn zu einem wohlerzogenen Familienhund zu erziehen? Vielleicht haben Sie im Tierheim einen schon etwas älteren Hund kennengelernt. In diesem Fall ist nicht nur sein fertiges Äußeres zu sehen, sondern auch, welchen Charakter er hat. Aber auch hier macht sich natürlich der Rat eines Fachmanns mehr als bezahlt.

Handlungen bestraft, die aus seiner Sicht, als jetziger »Chef«, notwendig und daher völlig selbstverständlich sind. Denn im Gegensatz zum Mensch handelt der Hund nun, als Ranghöchster im Rudel, konsequent. Wenn er als »Boss« einen Menschen disziplinieren muss, tut er das bisweilen mit den Zähnen, weil seine vorherigen Warnsignale nicht erkannt werden. Der Mensch wertet das als unerwünschtes Verhalten und sucht mit dem »gestörten« Hund einen Therapeuten auf. Zum Glück sind unsere Hunde so anpassungsfähig, dass es nicht in jedem Fall zum Äußersten kommt. Wenn aber Kinder die Leidtragenden sind, ist bereits ein Vorfall schon zu viel. Heute leiden eine große Zahl von nicht verstandenen, durch vermenschlichenden Liebesterror missbrauchte Hunde in den Wohnungen unter Ausschluss der Öffentlichkeit. Daher muss sich gerade die Bezugsperson des Welpen ausreichend über die rassespezifischen Ansprüche ihres Wunschhundes informieren und sicher sein, dass er als Halter

diese Ansprüche auch über die gesamte Lebenszeit des Hundes erfüllen kann. Der Halter muss in der Lage sein, das angeborene, rein triebhafte und nicht immer erwünschte Verhalten des Welpen durch konsequente, aber liebevolle und geduldige Erziehung zu einem positiven Verhalten zu formen. Das spätere Wesen des Hundes wird entscheidend von der Qualität seiner menschlichen Bezugsperson geprägt.

Artgerechte Hundehaltung ist heute ohne die Erkenntnisse der modernen Verhaltensforschung nicht mehr möglich. Jeder Hundehalter hat die Pflicht, sich dieses Wissen anzueignen. Kommt der Welpe zu Menschen, die die Regeln der gegenseitigen Verständigung beherrschen, kann er Vertrauen und eine enge Bindung aufbauen und ordnet sich meist problemlos in die menschliche Familie ein (→ ab Seite 93).

Hinweis Die körperliche Züchtigung des Hundes stärkt übrigens Ihre Führungsrolle gebenüber Ihrem Vierbeiner in keinster Weise (→ ab Seite 122).

Diese beiden Dackel sind absolut vertraut miteinander. Man könnte ihr Verhalten fast als gemeinsames »Kuscheln« bezeichnen.

Viele Familienhunde sind arbeitslos. Sie brauchen jedoch **körperliche und geistige Anregung**, um gesund zu bleiben und ein lebenswertes Leben führen zu können.

Nähe zum Menschen Haushunde sind absolut vom Mensch abhängig. Sowohl im Wohnbereich als auch bei Aktivitäten »seiner« Menschen außerhalb möchte der Hund leidenschaftlich gern mit dabei sein. Jahrtausende begleitete er den Menschen fast rund um die Uhr auf der Jagd, bei den Herden oder bei vielen anderen Tätigkeiten, für die er gezüchtet wurde. Heute verbringen nicht nur die Gesellschafts- und Begleithunde die überwiegende Zeit ihres Lebens in unseren Wohnungen und warten. Auch alle Dienst- und Gebrauchshunderassen werden heute kaum mehr zu ihrer rassespezifischen Arbeit verwendet, sondern sind zum Luxus-Begleithund degradiert und warten in der Regel den größten Teil des Tages auf kurze, langweilige

Solche Weidenkörbe reizen jeden Welpen zum Benagen.

Gassi-Runden um den Block, wobei sie nicht selten ihre fantasielosen Besitzer auch noch hinterherzerren müssen.
Bewegung und Beschäftigung Je nach Rasse und angezüchteter Fähigkeit beanspruchen Hunde eine besondere körperliche Auslastung durch geeignete Beschäftigung und damit verbundene freie Bewegung. Die meisten Hundehalter meinen aber fälschlicherweise, dass ihr Hund nur deshalb viel Bewegung braucht, weil er ja von einem Laufraubtier abstammt.

Das klassische »Gassi-Gehen« wird mehrmals täglich exzessiv zelebriert, aber der Hund hat kaum etwas davon, denn er darf ja meist nur angeleint laufen, ist dabei jedoch arbeitslos. Könnte er frei laufen und zusammen mit seinem Menschen die Gegend erkunden, Wildspuren oder die Markierungen anderer Hunde erkennen, an Bäume pinkeln oder nach Mäusen graben, dann würde so ein Spaziergang richtig Spaß machen. Bei solchen Freiheiten ist natürlich Disziplin und Gehorsam gefragt. Auch eine enge Bindung zu seinem Begleiter ist notwendig.

Manche Hundehalter versuchen sogar durch monotones, angeleintes Laufen am Fahrrad, was ich in vielen Fällen als Tierquälerei empfinde, das angeblich so große Laufbedürfnis des Hundes zu erfüllen. Das macht den Hund höchstens körperlich zum Athleten, aber er vermisst immer noch eine sinnvolle Beschäftigung. Unsere Hunde leiden nicht an Bewegungsmangel, sondern vor allem an Beschäftigungslosigkeit! Aufgaben, die dem Wesen des Hundes entsprechen und die ihn durch artgerechte Beschäftigung befriedigen sollen, dürfen nämlich nicht nur die körperliche Fitness, sondern müssen auch die geistigen Fähigkeiten des Hundes fordern und fördern (→ Kapitel 6). Hunde haben instinktiv immer das Bedürfnis sich zu beschäftigen und bewegen sich natürlich dabei auf verschiedenste Weise. Wölfe und Wildhunde sind zehn bis zwölf Stunden unterwegs,

Schon der Welpe hat das unbedingte Bedürfnis, sich zu beschäftigen und lernt dabei durch eigene Erfahrungen, was wiederum seine Intelligenz fördert. Stellen Sie Ihrem Welpen deshalb von Anfang an kleine Aufgaben, die er mit Erfolg lösen kann und die ihn fordern. Daneben muss der Hund auch schon als Welpe regelmäßig Gelegenheit zu Sozialkontakten mit Artgenossen bei spe-

WUSSTEN SIE SCHON, DASS ...

... die Kosten für die Hundehaltung beträchtlich sind?

Ein Beispiel für die Unterhaltskosten bei einer durchschnittlichen Lebenserwartung des Hundes von zwölf Jahren: Allein die Futterkosten bei einem täglichen Aufwand von 3 Euro betragen in zwölf Jahren rund 13.000 Euro. Die jährliche Hundesteuer von mindestens 50 Euro macht insgesamt ungefähr 600 Euro aus. Die jährliche Haftpflichtversicherung von ca. 150 Euro schlägt mit ungefähr 1.800 Euro zu Buche. Tierarztkosten nur für Kleinigkeiten und regelmäßige Impfungen ohne große Erkrankungen ca. 1.000 Euro, für Vereinsbeiträge und Erziehungs- oder Ausbildungskurse sind insgesamt mindestens 1.000 Euro anzusetzen. Für Ausrüstungsgegenstände, wie Leinen, Halsbänder, Hundekorb, Futterschüssel in einfachster Ausführung und diverse Pflegeutensilien, sind etwa 500 Euro zu rechnen. Macht in zwölf Jahren etwa 18.000 Euro. Eine stattliche Summe, die da zusammen kommt ...

um Nahrung zu finden. Dabei bewegen sie sich aber immer zweckmäßig und zielorientiert. Kein Hund läuft oder rennt nur, um seinen Körper zu trainieren, außer er ist durch den sogenannten »Zwingerkoller«, weil er vorwiegend auf einem beengten Raum oder angekettet gehalten wird, verhaltensgestört.

ziellen Welpen- und/oder Hundetreffs in Hundeschulen, Vereinen, auf Hundespielwiesen oder Spaziertreffs bekommen. Außer der Festigung seines Sozialverhaltens beim Spiel mit anderen Hunden hat er dabei so viel artgerechte, gesunde Bewegung, wie Sie sie ihm auf andere Weise kaum bieten können.

Alles für Vierbeiner!

Ein kuscheliger Schlafplatz, das richtige »Geschirr« zum Essen und Trinken, ein zweckmäßiges Pflegeset, Spielzeug gegen Langeweile und natürlich auch das passende Halsband mit Leine zum Ausgehen gehören zur Grundausstattung des Welpen.

DER EINZUG des Welpen als neues Familienmitglied sollte so reibungslos wie möglich verlaufen. Besorgen Sie deshalb schon vor seinem Einzug eine solide Grundausstattung. Lassen Sie sich in einem guten Zoofachgeschäft beraten. Hier können Sie die Qualität vor Ort persönlich prüfen.

Ein Bett zum Wohlfühlen

Im Fachhandel gibt es eine große Auswahl an verschiedenen Hundebetten: Hundedecken aus weichem Polyester, die Feuchtigkeit absorbieren und hauptsächlich für größere Hunde als Unterlage auf kalten Böden und fürs Auto gedacht sind. Voluminösere Hundekissen, gefüllt mit Styroporkügelchen oder Schaumstoff sind natürlich viel bequemer. Unsere Wohlstandshunde – und speziell die Welpen – mögen es auf alle Fälle noch warm und kuschelig – also aus weichem Material. Schlafkörbe aus Hartplastik oder Weidenkörbe brauchen zusätzlich Decken oder eine Polsterausstattung. Ohne Nachrüstung sind sie denkbar unbequem. Allerdings machen klassische Weidenkörbe oft recht störende knarzende Geräusche, wenn sich der Hund drin bewegt. Außerdem reizen die geflochtenen Gerten viele, sogar bereits erwachsene Hunde, daran zu nagen. Schlafkörbe mit verschieden hohen Rändern müssen genau zur Größe des jeweiligen Hundes passen. Flauschige, mit Schaumstoff gefüllte Betten in allen Größen und in den verschiedensten Ausführungen werden auch schon zu günstigen Preisen angeboten. Denken Sie aber daran, dass Ihr Welpe erst mit etwa acht bis zwölf Monaten ausgewachsen ist und dann einen größeren Schlafplatz braucht. Wenn Sie ihm gleich ein großes Bett kaufen, um Geld zu sparen, würde er sich anfangs darin verloren vorkommen und sich unwohl fühlen. Außerdem ist ein teures Hundebett zum Zernagen zu schade. Behelfen Sie sich für den »Zwerg« vorläufig mit einer nach vorne geöffneten kleinen Kiste oder einer stabilen Schachtel mit

---

TIPP

Gutes darf auch teurer sein!

Sparen Sie bei Ausstattungsgegenständen nicht an der falschen Stelle. Hochwertiges Zubehör ist meist teurer, dafür jedoch oft haltbarer und sicherer. Halsbänder zum Beispiel sollten einwandfrei verschließbar sein, Leinen stabile Karabinerhaken besitzen. Gute Hundekissen vertragen mehr als nur eine Wäsche.

einer gepolsterten Deckeneinlage, oder Sie benutzen gleich eine vielseitig verwendbare Hundebox (→ Seite 43). Kleinere Hunde, meist besonders solche mit kurzem Fell, lieben höhlenartige Schlafgelegenheiten, wo sie sich genüsslich hineinkuscheln können (→ Foto, rechts).

Der richtige Platz Hunde brauchen genau wie wir Menschen einen Ort, wohin sie sich zurückziehen können, wenn sie zum Beispiel vom Herumtoben mit den Kindern »die Schnauze voll haben« oder wo sie in Ruhe fressen können. Schlaf- und Futterplatz sind für Kinder so lange tabu, bis sie vom Hund ebenfalls als ranghöher anerkannt werden. Der Schlafplatz muss sich an einem zugfreien, ruhigen Platz befinden, von wo aus der Hund aber noch genug Überblick über den Rest der Wohnung hat. Hunde schlafen tagsüber in der Regel nicht sehr tief. Sie bekommen fast alle Aktionen innerhalb der Wohnung mit. Auf keinen Fall sollte das Bett im Eingangsbereich der Wohnung liegen, wo durch Besucher für den Hund Stress entstehen kann. Das Gleiche gilt für den Futterplatz. Die Verteidigung eines Futterplatzes, auch wenn die Schüssel leer ist, hat schon manchen schmerzhafte Erfahrungen gekostet. Große Hunde liegen tagsüber meist an strategisch wichtigen Stellen in der Wohnung oder im Haus einfach auf dem Fußboden, nur in der Nacht suchen sie ihr bequemes Liegebett auf. Legen Sie Ihrem Vierbeiner aber auch auf den Tages-Lieblingsplatz eine Hundedecke, besonders wenn es sich um einen Steinfußboden handelt. Alle Hunde legen viel wert auf Komfort und wollen diesen auch fortlaufend verbessern. Sie liegen gern erhöht. Ein Platz auf der Couch ist fast für jeden Hund

erstrebenswert. Falls er diesen Ihnen gegenüber eines Tages verteidigt, hat er von Ihnen offensichtlich keine besonders hohe Meinung. Dann sollten Sie schleunigst etwas gegen sein Dominanzverhalten unternehmen.

Gut aufgehoben!

▶ **1** **Hundebox** Während der Grunderziehung ist solch eine stabile Box »Gold« wert. Hier kann der Welpe sicher untergebracht werden. Auch für den Transport eignet sie sich hervorragend.

▶ **2** **Kuschelhöhle** Von Welpen und auch erwachsenen kleine Hunden heiß geliebt: Eine kuschelige, warme »Höhle« als Ruheplatz. Achten Sie darauf, dass das Kissen im Inneren herausnehmbar und waschbar ist.

Ein weicher, kuscheliger Ruheplatz gehört zur Lebensqualität des Welpen.

Ess- und Trinkgeschirr

Es gibt Futter- und Wassernäpfe in verschiedensten Ausführungen. Die billigsten bestehen aus Kunststoff und sind nicht zu empfehlen, weil sie zu leicht sind und vom Hund beim Essen durch die Wohnung geschoben werden. Am stabilsten sind Näpfe aus Keramik, die jedoch schwer und daher nicht leicht zu reinigen sind. Einzelne Edelstahlnäpfe müssen einen Boden-Gummiring haben, damit sie nicht verrutschen. Ich empfehle einen stabilen, in der Höhe verstellbaren, Doppelfutternapfständer mit zwei Edelstahlnäpfen (Spülmaschinen geeignet → Foto, Seite 68). Der Futternapf sollte eher flach als tief sein.
Der richtige Platz Richten Sie Futter- und Trinkplatz an einer ruhigen Stelle in der Wohnung ein, die für den Hund stets erreichbar sein muss.

Halsband, Leine und Hundepfeife

Halsband Zu empfehlen ist ein mehrfach verstellbares Halsband aus weichem Material, das ein bis zwei Monate »mitwächst«. Es muss so breit sein, dass es mindestens zwei Halswirbel des Welpen überdeckt. Hunde sind im Halswirbelbereich ebenso verletzlich wie wir Menschen. Wenn es Ihnen nicht gelingt, Ihrem Welpen das Ziehen abzugewöhnen, sollten Sie das Tier aus Gesundheitsgründen an ein Brustgeschirr gewöhnen. So entlasten Sie den Druck auf dessen Kehlkopf und die Wirbelsäule.
Leine Die Welpenleine muss der Größe und der Vitalität des Hundes angemessen und etwa drei Meter lang sein. Sie soll so dünn wie möglich, aber absolut reißfest sein. Auf keinen Fall darf sie für den Welpen ein zusätzliches Gewicht bedeuten, das er mitschleppen muss. Leinentraining beginnt übrigens bereits, wenn der Welpe bei Ihnen einzieht. Verschieden lange Leinen für die weitere Erziehung und Ausbildung beschreibe ich Ihnen in Kapitel 6.
Hundepfeife Eine Zweitonpfeife kann helfen, den Hund auf größere Entfernungen zu sich zu rufen. Der Hund kommt aber nicht alleine auf den Pfiff, sondern er muss erst auf die Töne konditioniert werden.

Pflegeutensilien

Ein Kamm, der der Länge des Fells entspricht, ein Flohkamm und eine hartborstige Bürste gehören für jeden Hund, gleich welcher Haarart, zur Grundausstattung. Besondere Pflegegeräte, wie etwa Trimm-Messer oder elektrische Schermaschinen richten sich nach den

Die Ausstattung
auf einen Blick

Halsband und Leine ▶

Ein flaches, verstellbares Halsband aus Leder oder Nylon gehört ebenso zur Grundausstattung wie eine dünne 10-Meter-Leine zur Absicherung in freiem Gelände und die 3-Meter-Leine zum »Gassi gehen«.

◀ **Schlafplatz und Näpfe**

Ein weiches Hundebett, das der Größe des Vierbeiners angemessen ist, darf nicht fehlen. Sehr zu empfehlen ist ein stabiler Futter- und Wasserständer, der in der Höhe verstellt werden kann (→ Foto, Seite 68) .

Pflege und Spiel ▶

Wichtige Pflegeutensilien sind: Eine Bürste (der Länge des Welpen-Fells angepasst), ein Kamm, eine Zeckenzange und eine Pinzette. Ein kleiner Ball fördert die Spielmotivation Ihres Hundekindes.

MEIN HEIMTIER

Welcher Spieltyp ist Ihr Welpe?

Welche Spiele motivieren Ihren Hund besonders, und was reizt ihn weniger? Bieten Sie ihm verschiedene Spiele an, und testen Sie sein Verhalten. Gehört er zu den aktiven Spielern, ist er eher ruhiger beim Spiel oder gehört er gar zu den ängstlichen Typen?

Der Test beginnt:

○ Extremer Spieltyp: Er ist leicht erregbar, sehr aktiv, kämpferisch oder dominant beim Spiel.

○ Der phlegmatische Typ: Er spielt ruhig, gleichmäßig, teilweise schwerfällig und hört sofort zu spielen auf, wenn er nicht mehr motiviert wird.

○ Der ängstliche Typ: Er ist leicht im Spiel zu hemmen und zu beeindrucken. Er unterwirft sich während des Spiels sehr leicht einem dominanteren Partner.

Mein Testergebnis:

jeweiligen Fellarten. Die zweckmäßigsten Kämme oder Bürsten für Ihren Hund kann Ihnen entweder der Züchter oder der Zoofachhändler empfehlen (→ Kapitel 5). Ein spezielles Hundehandtuch mit besonderer Saugfähigkeit zum Säubern des Hundes beispielsweise nach einem Regenspaziergang ist eine sehr sinnvolle Anschaffung.

Spielzeug

Für die beliebtesten, gezielten Hundespiele mit dem Menschen gehört Folgendes ins Spielangebot:

Jagdspiele Für die klassischen Jagdspiele eignet sich für den Welpen am besten ein der Größe des Hundes angepasster Hartgummiball, der strapazierfähiger

und auch leichter zu reinigen ist als ein gewöhnlicher Gummi- oder Tennisball. Die heutigen Tennisbälle schaden noch dazu den Zähnen des Hundes und eventuell auch seiner Gesundheit, weil sie aus Gründen der längeren Spielbarkeit imprägniert sind. Als Geräuschspielbeute gilt immer noch der bewährte »Quietsch-Igel«, der für junge Welpen nicht so schnell wie ein Ball rollt und noch dazu beuteähnliche, quietschende Geräusche von sich gibt, die speziell den Welpen zusätzlich motivieren. Bei anderen »quietschenden« Spielsachen sollten Sie darauf achten, dass sie den Hund durch ihre Ball ähnliche Form zum Nachjagen und Fassen animieren. Ein Schleuder-Kong mit einer starken Kordel als Schleuderspielbeute gehört

ebenfalls zur Grundausstattung. Der Kong springt durch seine besondere Konstruktion beim Aufprall auf die Erde nicht immer in die gleiche Richtung wie der Ball. Deshalb ist er gerade bei apportierfreudigen Hunden sehr beliebt, weil er schwieriger zu fangen ist. Ein Dummy, der auch im Wasser schwimmt, und ein mit Futter befüllbarer Prey-Dummy (→ Seite 105) eignen sich gut für das gezielte Erziehungsspiel. **Zerr- und Beißspiele** Zum Messen seiner Körperkräfte bei einem Zerr- und Beißspiel bieten Sie dem Welpen als Beuteersatz anfangs ein weiches Tuch und später eine kleine Beißwurst aus Jute, oder eines der im Handel angebotenen bunten Knotenseile zum Tauziehen an (→ Kapitel 6).
Spielzeug für Alleinunterhalter Sogenannte Solitärspiele zur alleinigen Beschäftigung des Hundes gibt es inzwischen in verschiedenen Ausführungen im Zoofachhandel.

Die Hundebox

Zur sicheren Unterbringung ist die Anschaffung einer stabilen Hundebox sehr hilfreich. Die absolute Kontrolle über den Welpen gerade in den ersten Wochen macht es zwischendurch immer wieder mal notwendig, dass Sie ihn vorübergehend in der Box unterbringen müssen, weil Sie ihn wegen anderer Tätigkeiten gerade nicht beaufsichtigen können. Sicher in der Box untergebracht kann er weder etwas in der Wohnung anstellen, noch Sie bei Ihrer Arbeit stören. Die Box ist auch für die Erziehung zur Stubenreinheit sehr praktisch (→ Kapitel 3) und kann mit entsprechender Sicherung auch als Transportbox im Auto verwendet werden.

Sie darf zum jetzigen Zeitpunkt nur so groß sein, dass sich der Welpe im Liegen bequem ausstrecken, stehen oder sitzen kann. In der Box befindet sich seine Babydecke, deren Geruch er von seinem »Elternhaus« kennt und auf der er seit der Trennung von Mutter und Geschwistern schläft. Eine darüber gelegte Decke macht die Box zur Schlafhöhle. Wenn Sie eine Box in der Größe des später erwachsenen Hundes kaufen, sparen Sie sich doppelte Ausgaben. Verkleinern Sie die Grundfläche zunächst durch eine Abtrennung auf Welpengröße.

Das Lieblingsspielzeug motiviert immer. Es wird sogar oft »in Ehren« gehalten und nicht zerbissen.
▼

Willkommen zu Hause

Im Grunde ist es zweitrangig, wie süß ein Welpe aussieht. Das Allerwichtigste: Passt der Vierbeiner zu Ihnen und Ihrer Lebenssituation? Nehmen Sie sich viel Zeit für die Auswahl Ihres »Traumhundes«.

Zwei, die sich gut verstehen

Wer seinen »Traumhund« mit Herz und Verstand auswählt,
hat die besten Chancen auf eine wunderbare langjährige
Mensch-Hund-Beziehung. Bereiten Sie sich also sorgfältig vor.

MENSCH UND HUND müssen zueinanderpassen, wenn das Zusammenleben harmonisch sein soll. Doch den meisten Hundeliebhabern schwebt bereits »ihr Traumhund« vor, dessen rassebedingte Haltungsansprüche aber nicht immer mit den eigenen Lebensumständen zusammenpassen. Und hier sind die Probleme oft schon vorprogrammiert.

Lebenssituation genau analysieren

Beispiel Bordercollie: Ein toller Hund, der sehr intelligent ist, aber auch körperlich und geistig extrem beschäftigt werden muss. Ein älterer oder nicht sehr aktiver Mensch wird mit ihm sicherlich nicht glücklich werden. Wohingegen ein sportlicher junger Mann mit einer Englischen Bulldogge, die nach Churchills Motto: »No Sports!« durchaus zufrieden ist, wahrscheinlich nicht gerade entzückt von seinem »Faultier« sein wird, außer er liebt ihre anderen Vorzüge. Um einen für Sie und Ihre Familie passenden Welpen zu finden und ihn bedarfsgerecht halten zu können, sollten Sie sich unbedingt über die Verhaltensbesonderheiten der verschiedenen Rassen informieren.

Dabei ist es hilfreich, die Rassegruppen der FCI zu studieren, dem internationalen Dachverband der Hundezüchter, in welchem ca. 330 Rassen in 10 Gruppen eingeteilt sind (→ Seite 50).
Suchen Sie einen Familienhund oder einen Hund für Senioren, dann könnten Sie in der Gruppe 9 unter den Gesellschafts- und Begleithunderassen fündig werden. Soll es – bei entsprechendem Platzangebot – jedoch ein größerer Familienhund sein, sollten Sie die Rassen ins Kalkül ziehen, die allgemein als gutmütig gelten, wie etwa den Labrador Retriever oder den Eurasier oder einen nicht so bewegungsgierigen gutmütigen

Solch einem ▶
bezaubernden
Hundekind kann
kaum jemand
widerstehen.

Unterwürfig oder dominant?

Der Welpe wird mit einer Hand über der Brust auf dem Rücken liegend an der Bewegung gehindert und festgehalten (→ Fotos, Seite 48/ 49). So können Sie sein Wesen testen. Übrigens dürfen Sie ein unterwürfiges Verhalten nicht mit Ängstlichkeit verwechseln. Unterwürfigkeit einer überlegenen Person gegenüber ist durchaus normal.

	ja	nein
1. Der Welpe leistet keinen Widerstand, ist entspannt und leckt Ihnen sogar eventuell die Hand.	○	○
2. Er wehrt sich kurz, bleibt aber ruhig und entspannt.	○	○
3. Das Hundekind wehrt sich anhaltend, strampelt und ist angespannt.	○	○
4. Der Welpe wehrt sich anhaltend, knurrt und beißt.	○	○
5. Der Kleine erstarrt und klemmt die Rute zwischen die Beine.	○	○

AUSWERTUNG: Je nachdem, welche Erfahrungen Sie mit Ihrem »Wunschwelpen« bei diesem Test gemacht haben und die jeweiligen Reaktionen mit »Ja« beantworten konnten, handelt es sich um folgende Wesenseinschätzung:

1. Ein gut geprägter und sozialisierter Welpe, er ist unterwürfig.

2. Ein geprägter und recht gut sozialisierter Welpe, der sich bei etwas Nachdruck unterwirft.

3. Ein mäßig sozialisierter Welpe, der ziemlich gleichgültig reagiert. Er kann sich dominant entwickeln, wenn die richtige Erziehung fehlt.

4. Ein dominanter Welpe, der selbst die Regeln bestimmt und schlecht sozialisiert ist.

5. Ein ängstlicher Welpe, der eher nicht auf Menschen geprägt und schlecht sozialisiert ist.

Neufundländer. Für sportliche und aktive Menschen ist das Angebot schon beträchtlich größer. Sie haben die Wahl unter den vielen Arbeitsrassen, wie etwa den Jagdhunden, Schäferhunden oder Terriern, die viel Beschäftigung, Bewegung und konsequente Erziehung und Haltung brauchen.

Gefällt Ihnen ein Mischlingswelpe, dann versuchen Sie zu erfahren, welche Rassen an seiner Entstehung beteiligt waren, denn nur so können Sie in etwa vorhersehen, was so eine liebenswerte »Wundertüte« an Überraschungen in Bezug auf Aussehen, Größe und Charakter für Sie bereithält. Wenn Sie dann bei der Aufzucht keine allzu großen Fehler machen, werden Sie wahrscheinlich auch keine großen Probleme mit Ihrem Hund haben.

Ein Welpe vom Züchter

Haben Sie sich in einen Rassehund »verliebt«, bleibt nur der Weg zu einem Züchter, den Sie jedoch unbedingt auf seine Qualität überprüfen sollten. Unter der Bezeichnung »Züchter« treiben leider auch einige »schwarze Schafe« ihr Unwesen, denen es nur ums Geld geht. Das Ergebnis sind oft kranke, mit Erbschäden belastete Hunde, die aber übers Internet oder in der Zeitung um einiges billiger angeboten werden, als solche von seriösen Züchtern und daher immer wieder naive Käufer finden, die meinen, sie hätten ein »Schnäppchen« entdeckt. Die Welpen werden oft in Sammeltransporten aus Tschechien oder Polen an die Käufer ausgeliefert oder in Privatwohnungen übergeben. Die Käufer sehen weder die Muttertiere, noch die Zuchtanlagen. Sie haben auch kaum die Auswahl, weil ihnen vorgegaukelt wird, dass gerade nur noch dieser eine Welpe verfügbar ist, während die anderen schon »wie heiße Semmeln« weggegangen sind. Nicht selten sind die Hunde weniger als acht Wochen alt und so gestresst, dass sie im neuen Heim schwer erkranken, weil sie aufgrund ihres zu jungen Alters noch zu schwache Abwehrkräfte haben.

Korrekte Impfungen sind teilweise nicht nachvollziehbar. Schwere Wesensmängel und chronische Erkrankungen zeigen sich oft erst, wenn die Hunde heranwachsen. Also Finger weg, von solchen unseriösen Angeboten!

Qualität eines guten Züchters Er ist zumeist über seinen Rassezuchtverein einem Dachverband angeschlossen, nach dessen Zuchtvorschriften er sich richtet. Der größte dieser Verbände ist der Verband für das Deutsche Hundewesen (VDH e.V.). Zur Zuchtzulassung sind beispielsweise Wesenstests, gesundheitliche Untersuchungen auf bestimmte rassespezifische Krankheiten und für die Arbeitsrassen bestimmte Leistungsprüfungen vorgeschrieben. Züchter, die entgegen den Vorschriften ihres Verbandes handeln, bekommen für ihre Nachzucht keine Papiere oder sie werden sogar aus dem Verband ausgeschlossen. Die Dachverbände führen ein Zuchtbuch über die jeweilige Rasse, und Sie können die Vorfahren des jeweiligen Hundes bis in unzählige Generationen zurückverfolgen. Welpen aus solch orga-

nisierten Zuchten werden über eine Welpenvermittlung angeboten.

Bei der Auswahl des Welpen sollten Sie sich persönlich vor Ort ein Bild machen. Macht das gesamte Umfeld und die Zuchtanlage einen sauberen und gepflegten Eindruck? Der Züchter sollte höchstens eine oder zwei zuchtfähige Hündinnen haben und jährlich nicht mehr als höchstens zwei Würfe aufziehen. Seine Hunde leben auch im Haus und nicht ausschließlich nur in Zwingern. Alte, nicht mehr zur Zucht verwendete Hündinnen, bekommen bei ihm das Gnadenbrot. Den Vater ihres Welpen werden Sie in der Regel nicht sehen, denn die Hündin wird dem Rüden meist in dessen Zuhause zugeführt. Ein guter Züchter fragt genau nach Ihren Lebens- und Wohnverhältnissen, und möchte Sie und Ihre Familie bis zur Welpenabgabe öfter sehen, um sich ein Bild zu machen, wo sein Welpe hinkommt. Die Welpen sollten auch vor der achten Woche schon wiederholt Kontakt mit Fremden und vor allem mit Kindern gehabt haben. Viele Züchter haben in ihrem Garten einen kleinen

Wer die Wahl hat, hat die Qual. Für welchen Welpen soll man sich entscheiden? Lassen Sie sich am besten von einem Hunde-Fachmann beraten. ▸

Den Welpen testen

1 **Dominant** Der Welpe wird sanft festgehalten und daran gehindert, sich zu bewegen. Der dominante Welpe knurrt und beißt.

2 **Entspannt** Ein gut geprägter und sozialisierter Welpe wehrt sich nicht, sondern ist sehr entspannt. Diese Unterwürfigkeit ist jedoch kein Zeichen von Angst.

3 **Richtig tragen** Eine Hand unter den Vorderkörper des Welpen legen, die andere unter sein Hinterteil. So kann nichts passieren.

Welpenspielplatz mit verschiedenen Spielgeräten, wo die Kleinen schon ihr Körperbewusstsein, ihren Mut und ihre Gewandtheit trainieren können. Kleine Ausflüge in die nähere Umgebung des Hauses mit der Mutterhündin oder kürzere Autofahrten bereichern den positiven Erfahrungsschatz der Welpen.

Papiere Der Welpe sollte bei der Abgabe nicht unter acht Wochen alt sein, muss geimpft und entwurmt und durch Microchip oder Tätowierung gekennzeichnet sein. Der Züchter lässt Sie die Abstammungspapiere der Elterntiere und das Wurfabnahmeprotokoll einsehen, und er garantiert Ihnen in einem ordnungsgemäßen Kaufvertrag die Nachsendung des Stammbaums des Welpen. Der Impfpass und Entwurmungsplan wird Ihnen mitgegeben.

Ein Welpe aus Privathand

Manchmal ergibt sich die Möglichkeit, einen Welpen aus einem Privathaushalt zu bekommen. Diese Nachkommen, bei denen es sich in der Regel um Mischlinge handelt, weil man ja keinen Abstammungsnachweis erbringen kann, müssen nicht von vornherein mit Mängeln behaftet sein. Das Risiko ist jedoch recht hoch, weil die Hunde-Eltern meist nicht auf Zuchttauglichkeit überprüft wurden, sondern der Nachwuchs eher zufällig entstanden ist. In der Zeitung oder im Internet werden solche Tiere manchmal als »liebevoll aufgezogene« Mix-Welpen angeboten. Doch Vorsicht! Es gibt »schwarze Schafe« unter den Anbietern, die gezielt aus dieser Mitleidsschiene Hunde kreuzen, sie als angeblich neue Rasse mit Fantasienamen ausstatten und damit beachtliches Geld verdienen. Meist handelt es sich um Kreuzungen von Kleinhunderassen, die putzig aussehen und auf die dann unwissende Laien hereinfallen. Papiere haben diese Hunde natürlich nicht.

Wenn Sie dennoch an einem solchen Welpen interessiert sind, ziehen Sie einen Fachmann zurate, wenn Sie die Welpen anschauen.

Ein Tierheim-Welpe

Manchmal gibt es auch im Tierheim Hundenachwuchs, den Sie erwerben können. Versuchen Sie in diesem Fall unbedingt zu erforschen, was der Welpe seit seiner Geburt bereits erlebt hat. Es muss Ihnen klar sein, dass Sie unter Umständen einen Welpen bekommen, der die ersten Wochen seines Lebens nicht unbedingt unter optimalsten Bedingungen aufgewachsen ist und der eventuell in seinen ersten wichtigen Lebenswochen negativ geprägt wurde (→ Seite 8). Doch mit dem richtigen Verständnis für den Kleinen, mit viel Liebe und Geduld kann sich ein Tierheim-Welpe durchaus zu einem wunderbaren Familienhund entwickeln. Entscheiden Sie sich nie dafür, einen Hund aus dem Tierheim zu holen, nur weil er dort günstig zu haben ist, sondern immer im Bewusstsein, dass Sie zwar eventuell kleinere Probleme überwinden müssen, aber einem Tier die Chance auf ein glückliches Leben bieten.

Unbedingt darauf achten

Mutterhündin und Welpen sollen sich Ihnen gegenüber unbefangen und freundlich verhalten und alle gesund und sauber aussehen. Kaufen Sie nicht, wenn Sie die Mutterhündin nicht sehen können. Ebenso, wenn Sie die Welpen nicht besuchen dürfen oder die Mutterhündin oder die Welpen Angst zeigen und sich verstecken. Vom Kauf abraten

TIPP

Einen gesunden Welpen erkennen

Er verfolgt mit wachem Blick, was in seiner Umgebung vorgeht und ist leicht zu motivieren. Er hat ein glänzendes, dicht anliegendes Fell und klare Augen ohne Ausfluss. Mund, Nase, Augen, Ohren und After sind sauber und riechen gut. Er bewegt sich gern, läuft harmonisch, frisst mit gutem Appetit, ist aber nicht zu dick.

muss ich Ihnen auch, wenn sich die Welpen apathisch verhalten, sich nicht motivieren lassen und krank aussehen (→ Tipp, Seite 49). Sind die Welpen kotverschmiert, riechen nach Urin und haben aufgeblähte Wurmbäuche, kaufen Sie keinesfalls aus Mitleid mit den armen Kreaturen. Leider tun dies immer noch viele Menschen und unterstützen damit skrupellose Hunde-Vermehrer.

Haben Sie aber die freie Wahl, dann nehmen Sie nicht den Größten und nicht den Kleinsten, nicht den Frechsten und nicht den Schüchternsten (→ Test, Seite 48).

Wenn Sie sich die Auswahl des richtigen Welpen für Sie und Ihre Familie nicht zutrauen, dann lassen Sie sich am besten von einem guten Hundefachmann beraten. Diese kluge Entscheidung kann sich für viele Jahre des harmonischen Zusammenlebens mit Ihrem Vierbeiner enorm auszahlen!

WUSSTEN SIE SCHON, DASS …

… es zehn anerkannte Hunderassen-Gruppen gibt?

Die von der FCI anerkannten Hunderassen sind nach dieser Systematik eingeteilt: Gruppe 1: Hüte- und Treibhunderassen (ohne Schweizer Sennenhunde). Gruppe 2: Pinscher, Schnauzer, Molossoide, Schweizer Sennenhunde und andere Rassen. Gruppe 3: Terrier, hoch- und niederläufige, bullartige und Zwergterrier. Gruppe 4: Dachshunde (auch Dackel oder Teckel genannt). Gruppe 5: Spitze und Hunde vom Urtyp, nordische Schlitten-, Jagd- und Hütehunde. Auch Asiatische Spitze und Urtyphunde mit einem Ridge auf dem Rücken (eine gegen den Strich wachsende Haarleiste). Gruppe 6: Lauf- und Schweißhunde und verwandte Rassen. Gruppe 7: Vorstehhunde. Gruppe 8: Apportier-, Stöber- und Wasserhunde. Gruppe 9: Gesellschafts- und Begleithunde. Gruppe 10: Windhunde: langhaarige, rauhaarige und kurzhaarige Windhunde. Darüber hinaus gibt es noch über 100 weitere, von der FCI, nicht anerkannte Rassen.

Ein guter Züchter wird Sie beraten, welcher Welpe am ehesten zu Ihnen passt. Ein schüchterner Welpe wäre in einer Familie mit sehr aktiven Kindern nicht glücklich, und ein selbstbewusster, eigenwilliger »Kampfzwerg« würde inkonsequenten Leuten bald auf dem Kopf herumtanzen.

Rüde oder Hündin?

Bei konsequenter, liebevoller Erziehung spielt das Geschlecht, nach meiner langjährigen Erfahrung, keine besondere Rolle. Wie leicht sich eine Hündin oder ein Rüde führen lassen, ist individuell verschieden.

Zwischen Hündin und Rüde gibt es
keine großen Wesensunterschiede. Wie gut sich
ein Hund führen lässt, hängt vor allem vom Halter ab.

Die pauschale Behauptung, dass Hündinnen leichter erziehbar und schneller auszubilden sind, stimmt so nicht, weil dies größtenteils vom Talent des Hundehalters abhängt.

Bei den meisten Rassen sind die Rüden größer, kräftiger und wirken insgesamt imposanter. Im Umgang mit Artgenossen neigen Rüden eher zu Imponier- und Dominanzgebaren. Speziell bei den Dienst- und Gebrauchshunderassen (wie etwa Deutscher Schäferhund, Dobermann, Rottweiler) sind die Rüden oft selbstbewusster als die Hündinnen. Von einigen Hundehaltern wird immer wieder behauptet, dass im Gegensatz zur Hündin, die nur zweimal im Jahr für ca. drei bis vier Wochen läufig wird, der Rüde ganzjährig läufig ist und grundsätzlich stark an allen »Hunde-Damen« interessiert ist. Ich meine, dass es sich hier eher um eine Verwechslung mit so manchem »Herrn der Schöpfung« in Bezug auf das weibliche menschliche Geschlecht handelt.

Rüden leben in der Regel das ganze Jahr über friedlich und ausgeglichen. Sie gehen mit nicht läufigen Hündinnen äußerst freundschaftlich und spielerisch um. Erst, wenn die Hündin sexuelle Signale in Form von starken Gerüchen aussendet, weckt sie beim Rüden sexuelles Interesse. Ein Dauerinteresse des Rüden an Hündinnen wäre unnatürlich. So gäbe es ja dann in einem Wolfs- oder Wildhundrudel oder innerhalb einer gemischten Mehrhundehaltung nur noch sexuellen Dauerstress. Eine friedliche Gruppenhaltung wäre unmöglich. Sollten Sie jedoch eine nicht kastrierte Hündin halten, wovon ich Ihnen dringend abraten möchte, obliegt Ihnen die Pflicht, die täglichen Spaziergänge mit einer läufigen Hündin so zu wählen, dass Sie nicht mit einer geruchlichen »Flammenspur« die Rüden eines ganzen Stadtviertels in den sexuellen Wahnsinn treibt (→ Kastration, Seite 90). Während ihrer Läufigkeit darf die Hündin auch nicht allein im Garten sein, denn »Nachbars Lumpi« schläft nicht und Hündinnen in der Hochhitze (Standhitze) suchen von sich aus den Kontakt mit einem Rüden. Alle meine Hündinnen der vergangenen 40 Jahre waren kastriert und lebten ausgeglichen, ohne sexuelle Stressbelastung.

Welpenspiele: Hier eine lustige Aufforderung zum spielerischen Gerangel.
▼

Ankunft des Welpen

Kaum zu glauben und doch wahr. Die ersten Stunden und Tage mit Ihrem kleinen Vierbeiner in dessen neuem Zuhause prägen das zukünftige Zusammenleben. Nehmen Sie sich also Zeit und lassen Sie gemeinsam alles geruhsam angehen ...

DER GROSSE TAG ist endlich da. Heute holen Sie Ihren Welpen ab. Alles ist für ihn vorbereitet – die Grundausstattung steht komplett bereit (→ Seite 38).

Die Fahrt nach Hause

In der Regel lebt Ihr neues vierbeiniges Familienmitglied nicht gleich nebenan, aber auch nicht in New York, sondern Sie holen es per Auto ab. Für eine schonende und entspannende Autofahrt des Welpen gilt es einiges zu beachten:

▸ Auch wenn Sie ansonsten Ihr Auto selbst steuern, begnügen Sie sich während dieser Fahrt mit der Rolle des Beifahrers, damit Sie sich ausreichend um Ihren Welpen kümmern können.

▸ Planen Sie die Fahrt so, dass Sie noch bei Tageslicht zu Hause sind. Dann hat der Welpe genügend Zeit, seine neue Umgebung zu erkunden.

▸ Der Welpe sollte mindestens fünf Stunden vor der Fahrt nicht mehr gefüttert werden, damit es ihm auf der Fahrt nicht übel wird.

▸ Bringen Sie den Hund nicht allein in einer Hundebox oder – bei einem Kombi – im Heck des Wagens unter. Wenn er diese erste Fahrt mit Angst in Erinnerung behält, wird er in Zukunft nicht mehr gern Auto fahren.

▸ Ich sitze mit dem Welpen im Arm auf dem Rücksitz. Auf dem Nebensitz steht ein Hundekorb mit einer Decke, die den Geruch seiner Geschwister und seiner Mutter trägt. In diesen Korb lege ich den Welpen, wenn er auf meinem Arm eingeschlafen ist.

▸ Ein Handtuch und eine Küchenrolle liegen griffbereit, falls ein »Malheur« passieren sollte.

▸ Dauert die Fahrt länger als eine Stunde, dann legen Sie stündliche Pausen ein, außer er schläft durch.

▸ Gehen Sie während der Pausen, mit ihm angeleint einige Minuten auf und ab, damit er sich lösen kann.

▸ Sollte es dem Hund übel werden, erkennen Sie das am Hecheln und am wässrigen Ausfluss aus dem Fang. Steigen Sie sofort mit ihm aus und gehen Sie so lange mit ihm herum, bis er sich wieder normal verhält.

Ankunft im neuen Zuhause

Zu Hause angekommen, bringen Sie den Welpen draußen gleich zu dem Platz, wo er auch später immer sein »Geschäft« verrichten soll. Mein Trick: Ich nehme beim Züchter ein wenig Hundekot mit und lege ihn an den künftigen Löseplatz meines »Neuzugangs«. Der heimatliche Geruch wird ihn dazu motivieren, sich genau hier zu

*Hundekissen sind mit Schaumstoffflocken
gefüllt. Der Welpe liegt wunderbar weich.*

»entleeren«. Bieten Sie dem Kleinen Trinkwasser an, und warten sie noch so lange im Freien, bis er zumindest uriniert hat. Erst dann bringen Sie ihn in die Wohnung.

Ruhe Das Letzte, was der Welpe jetzt brauchen kann, wäre ein Empfangskommitee von begeisterten Leuten und wuselnden Kindern. Das Hundekind braucht vor allem Ruhe, und die sollte es auch noch die nächsten Tage haben.

Erkunden Lassen Sie den Kleinen erst einmal ungestört die Wohnung erkunden. Wenn er nach einiger Zeit müde wird, legen Sie ihn in sein Körbchen oder in die Hundebox, die er ja schon von der Autofahrt her kennt und lassen Sie ihn schlafen. Sobald er aber erwacht, bringen Sie ihn zu seinem »Pinkelplatz«. Dort warten Sie, bis er sich löst und während er das tut, loben Sie ihn freudig. Nun können Sie ihm die erste Mahl-

zeit geben, die zunächst aus dem gleichen Futter besteht, das er vom Züchter bzw. aus seinem »alten« Zuhause gewöhnt ist. Hat er bis jetzt noch kein großes Geschäft gemacht, müssen Sie nach der Mahlzeit nochmals mit ihm hinaus.

Kontakt aufnehmen Kinder sollten in den ersten Tagen den Welpen nicht zu sehr »bespielen«. Damit wäre er total überfordert. Der Welpe soll von sich aus Kontakt aufnehmen. Er braucht einige Tage, um »seine« Menschen kennenzulernen und sich auf sie einzustellen.

Tagesablauf kennenlernen Die nächsten Schritte: Wo steht das Wasser, wo darf er fressen, wo schlafen und vor allem, wie läuft das Tagesprogramm im neuen Rudel ab. Diese Eindrücke muss das Hundebaby in Ruhe verarbeiten können. Wenn der Welpe das alles kennengelernt hat, verkraftet er auch fremde Besucher und Verwandte. Achten Sie darauf, dass der Welpe noch sehr viel schlafen kann und nicht zum Beispiel von Kindern daran gehindert wird. Sonst kann ein Hund mit nervösen Verhaltensstörungen das Ergebnis sein.

Gönnen Sie Ihrem Hundekind **Zeit und Ruhe**, um sich mit seiner Umgebung vertraut zu machen.

Beziehung aufbauen In den ersten Wochen soll der Welpe nur zu seiner Bezugsperson und deren Familienangehörigen eine feste Bindung aufbauen. Überlassen Sie deshalb den Kleinen auch nicht nur für kurze Zeit fremden Personen oder Kindern. Er weiß erst nach einigen Mo-

So kann man genau ausprobieren wer den besseren Griff hat.
▼

naten, wohin er gehört. Dann kann auch schon mal die Nachbarin einige Stunden auf ihn aufpassen. Zum Spielen mit dem Hundekind – unter Ihrer Aufsicht – können jetzt auch fremde Kinder oder Freunde kommen.

Die ersten Nächte Sie bedeuten für den Welpen ein Schlüsselerlebnis und sind gleichzeitig mit dem Beginn des Trainings zur nächtlichen Stubenreinheit verbunden. Meine Erfahrung: Bei mir schläft ein »Frischling« die ersten zwei, drei Nächte im Bett. Erstens baut er dadurch eine enge Bindung zu mir auf und zweitens habe ich den noch »undichten« Zwerg in Bezug auf die Stubenreinheit auch nachts besser im Griff. Sobald er seine Schlafposition verlässt, trage ich ihn in den Garten zu seinem Löseplatz. Wenn man diesen Aufwand anfangs scheut oder den Hund keinesfalls im Bett haben möchte, kann es oft Monate und noch länger dauern, bis der Welpe stubenrein ist. Nach einigen Tagen schläft mein Welpe dann in einem passenden Korb oder in einer Wanne neben meinem Bett, aus der er alleine nicht heraus kann. Er zeigt mir durch Unruhe an, wenn er »muss«. Hunde sind nämlich von Natur aus reinliche Tiere, und es widerstrebt ihnen, ihr Schlaflager zu beschmutzen. Wichtig ist nur, dass Sie aufwachen und sein Bedürfnis wahrnehmen. Das neue Bett darf nicht so groß sein, dass der Welpe in den einen Teil des zu großen Korbes pinkelt und im anderen Teil trocken weiter schläft (→ Seite 38). Stellen Sie das Schlaflager ganz nahe an Ihr Bett, so, dass der Welpe Ihre Nähe spürt. Bei konsequenter Kontrolle der Nächte schläft ein Welpe nach meiner Erfahrung schon acht bis 14 Tage später durch. Sie müssen aber jeweils sofort nach dem Aufwachen hinausgebracht werden. Hat Ihr Welpe mindestens eine Woche lang zuverlässig »wasserdicht« durchgeschlafen, und Sie möchten, dass er künftig mit seinem Körbchen an einer anderen Stelle im Schlafzimmer oder in der Wohnung schläft, verschieben Sie täglich sein Körbchen jeweils um einen halben Meter, bis zu der Stelle, wo er in Zukunft schlafen soll. Aber immer nur weiterschieben, wenn er die Nacht vorher ruhig geschlafen hat.

Immer fein: Stubenrein

Die ersten Wochen müssen Sie den Welpen innerhalb der Wohnung immer im Blickfeld haben, gleich, was er gerade tut. Grundsätzlich darf sich der Welpe nur in dem Raum frei aufhalten, wo Sie ihn neben Ihren anderen Tätigkeiten, genau wie ein Krabbelkind, beaufsichtigen können. Ist Ihnen das aus bestimmten Gründen vorübergehend nicht möglich, dann setzen Sie ihn während dieser Zeit in seinen Schlafkarton oder in seine Hundebox, worin er ein bis zwei herrliche Leckerlis findet. Er wird dann bald einschlafen, und Sie brauchen nicht dauernd nach ihm zu sehen. Sie hören ja, wenn er wieder aufwacht und heraus will. Es gibt bestimmte Erfahrungswerte dafür, wann ein Welpe sich lösen muss: Unmittelbar nach seiner Nahrungsaufnahme, oder wenn er getrunken hat. Wenn er aus dem Schlaf erwacht oder er etwas länger in seiner Hundebox oder Aufbewahrungskiste verbringen musste, müssen Sie mit ihm ebenfalls schleunigst hinaus, damit er seine »Geschäfte« verrichten kann. Bricht der Welpe plötzlich mitten im Spiel ab und beschnuppert intensiv den Boden, begibt er sich mit krummem Rücken in die Hocke

CHECKLISTE

Gefahren beseitigen

Stellen Sie sich vor, Sie hätten ein Kind im Krabbelalter. Genau so verhält es sich mit einem Welpen als neues Familienmitglied:

1. Räumen sie alle Gegenstände aus einer Höhe, die der Hund noch erreichen kann, weg.

2. Freiliegende, Strom führende Kabel müssen abgesichert werden.

3. Treppenauf- und -abgänge am besten mit Treppengittern absperren (im Zoofachhandel als Welpengitter erhältlich).

4. Chemikalien, wie Putzmittel, Dünger, Schneckengift oder andere Ungeziefervernichtungsmittel, und Medikamente sicher verwahren.

5. Sorgen Sie dafür, dass herumliegende Kleinteile, wie Kinderspielzeug (Lego, Murmeln, Perlen usw.), Tischtennisbälle, Nadeln, spitze Gegenstände für den Welpen nicht erreichbar sind.

6. Für Hunde giftige Zimmer- und Gartenpflanzen sind zum Beispiel: Christrose, Eibe, Engelstrompete, Fingerhut, Goldregen, Herbstzeitlose, Hyazinthe, Buchsbaum, Kirschlorbeer, Lebensbaum, Maiglöckchen, Mistel, Nachschattengewächse (Tollkirsche), Oleander, Narzissen, Pfaffenhütchen, Rhododendron, Rittersporn, Rosskastanie, Gefleckter Schierling, Schneeglöckchen, Stechpalme und Stinkwacholder (Adressen im Internet, Seite 141).

7. Sichern Sie den Gartenteich und offene Kellerschächte mit einem Zaun ab, ebenso Beete und wertvolle junge Bäume und Sträucher gegen »Welpenverbiss«. Vor den Milchzähnen eines unternehmungslustigen Welpen ist keine Pflanze sicher.

8. Ist Ihr Gartenzaun tatsächlich ausbruchsicher?

9. Weniger eine Gefahr für den Welpen, jedoch für andere kleine Heimtiere wie etwa Meerschweinchen, Hamster oder Vögel: Stellen Sie den Käfig außer Reichweite des Hundkindes, damit es erst gar nicht in Versuchung kommt, die Tiere zu bedrängen und sich langsam an die anderen tierischen Mitbewohner gewöhnen kann.

Im frühen Welpenalter gibt es viele Gelegenheiten, den Welpen zu tragen, aber überwiegend sollte er seine Beine zum Laufen benutzen dürfen.

und dreht sich um die eigene Achse, sollten Sie ihn schon mit einem protestierenden »Nein« hochheben und schnellstens hinaustragen, denn so bereitet er sich auf das große Geschäft vor.

Sein Bächlein machen geht unter Umständen schneller, je nachdem wie dringend es ist, und sie werden nicht mehr rechtzeitig zur Stelle sein. Aber auf frischer Tat ertappt, kommt während der Tat ein strenges »Nein« von Ihnen, und er muss sofort hinausgebracht werden. Hat er sich in Ihrer Abwesenheit »vergessen«, dann müssen Sie das Malheur ignorieren. Ihn zu schlagen oder mit der Nase in »sein Geschäft« zu tauchen zerstört nur das Vertrauen zu Ihnen. Er bringt die »Strafe« nicht mit seinem Tun in Verbindung. Es empfiehlt sich daher, dass Sie den Kleinen anfangs vorsichtshalber mindestens in Stundenabständen kurz hinausbringen. Ganz schnell lernen Sie selbst dadurch auch den »Geschäfts-Rhythmus« Ihres Hundes kennen und können sich mit der Zeit im Timing danach einrichten.

Was der Welpe lernen muss

Name Am besten lassen sich zweisilbige Namen aussprechen, die auf einen Selbstlaut wie etwa a, e oder u enden. Der Name sollte zum Hund passen. Wenn Sie den Namen Ihres Welpen mit freundlicher Stimme und zunächst immer in Verbindung mit einem Leckerli oder beim Streicheln aussprechen, wird er sehr bald auf ihn hören. Müssen Sie ihn jedoch durch einen strengen Zuruf beispielsweise von einem unerwünschten Verhalten abbringen, so dürfen Sie das drohende Wort »Nein« oder »Pfui« nicht zusammen mit seinem Namen nennen. Er würde seinen Namen sonst negativ verknüpfen.

Halsband tragen Ein guter Züchter gewöhnt seine Welpen schon vor der Abgabe an das Halsband. In der Regel kommt aber der Welpe erst bei der Abgabe mit dem lästigen Halsband in Kontakt. Wenn Sie es ihm das erste Mal umlegen, dann tun Sie es gleichzeitig mit einer schmackhaften Mahlzeit und lassen es in den ersten Tagen, außer in der Nacht, am Hund. Wenn Sie es erneut anlegen, geben Sie ihm gleichzeitig ein Leckerli. Nach einigen Tagen hat er sich an das Halsband gewöhnt, und Sie legen es ihm dann nur noch zum Spaziergang und eventuell zur Erziehung an.

Der erste Ausgang

Viele Ersthundehalter wollen mit Ihrem Welpen gleich in den ersten Tagen spazieren gehen. Besonders unerfahrene Welpen weigern sich aus Angst weiterzugehen und wollen panisch wieder zum Haus zurück. In den ersten 14 Tagen genügt es, wenn der Welpe den eigenen Garten kennenlernt oder den Löseplatz auf dem Grünstreifen vor dem Wohn-block. Erst, wenn er sich dort sicher fühlt, wird er von sich aus Interesse an der weiteren Umwelt zeigen. Mit einem Welpen geht man noch nicht zügig spazieren, sondern man lässt seiner Neugierde freien Lauf. Er muss Erfahrungen sammeln. Das Hundekind erfährt in der Regel erst bei Ihnen die Umwelt, den Verkehrslärm, die Straßengerüche, die fremden Menschen und natürlich auch fremde Artgenossen … Ein kurzer Rundgang »um den Block« genügt vollauf. Und noch ein Tipp: Vor der nächsten Impfung sollten Sie ein- oder zweimal einfach nur so Ihren Tierarzt mit Welpe besuchen. Er bekommt vom Arzt ein Leckerli, ohne dass er behandelt wird. Beim nächsten Besuch hat er bestimmt schon keine Angst mehr.

MEIN HEIMTIER

Wie entwickelt sich Ihr Welpe?

Nicht allein zur Erinnerung, sondern auch zur Kontrolle des gesunden Heranwachsens Ihres Hundekindes ist ein »Welpentagebuch« sehr wertvoll. Halten Sie deshalb die schnellen Veränderungen regelmäßig fest.

Der Test beginnt:
○ Fotografieren Sie Ihren Welpen wöchentlich, im Stand, im Sitzen oder bei verschiedenen Aktionen.
○ Messen Sie Größe, Länge, Brust- und Halsumfang des Welpen wöchentlich.
○ Wiegen Sie ihn wöchentlich und vergleichen Sie seine Gewichtszunahme mit der Tabelle auf Seite 71/72. Tragen Sie alle Veränderungen und Besonderheiten im Tagebuch ein.

Mein Testergebnis:

Fragen rund um die
Eingewöhnung

? Haben Sie noch zusätzliche Tipps, wie unser Welpe nachts »sauber« bleibt?

Geben Sie ihm die letzte Mahlzeit einschließlich Wasser vor 18.00 Uhr. Bis etwa 22.00 Uhr soll der Welpe stündlich Gelegenheit haben, sich zu lösen. Gehen Sie das letzte Mal mit ihm nach draußen, bevor Sie selbst ins Bett gehen. Ab dem nächsten Morgen muss er wieder Zugang zum Trinkwasser haben.

? Verträgt sich ein Welpe auch mit anderen Haustieren?

Bei der Gewöhnung an bereits vorhandene Haustiere kann es Probleme geben. Kleintiere, wie etwa Zwergkaninchen, Hamster & Co., gehören zum Beuteschema des Hundes. Es gibt keine Garantie dafür, dass der Hund seinen Beutetrieb auf Dauer beherrscht und die Kleintiere zumindest toleriert. Stellen Sie den Käfig außer Reichweite des Welpen. So kann er sich lang-sam daran gewöhnen. Das Zusammengewöhnen mit einer Hauskatze gestaltet sich dagegen oft unproblematisch. Nicht selten entstehen sogar dicke Freundschaften. Katzen erziehen sich in der Regel den Welpen selbst. Bremsen Sie in den ersten Tagen den Welpen lediglich ein, wenn er die Katze jagen will.

? Kann ich meinen 12 Wochen alten Welpen bereits länger allein in der Wohnung lassen?

Nein, denn der Kleine ist ja noch nicht stubenrein. Und dann muss er zunächst lernen, allein in einem anderen Raum zu bleiben. Schließen Sie während Ihrer Hausarbeit wie zufällig die Tür hinter sich, und achten Sie nicht auf seinen eventuellen Protest. »Befreien« Sie ihn erst, wenn er gerade mal kurz still ist. Öffnen Sie einfach die Tür, aber beachten Sie ihn nicht weiter. Er muss begreifen, dass er Ihnen vertrauen kann und Sie immer wiederkommen. Hilfreich ist auch eine Hundebox (→ Seite 43), worin er etwas zum Nagen findet, während Sie zum Beispiel in den Keller gehen. Wenn Sie zurückkommen, dürfen Sie Ihr Hundkind weder beachten noch bedauern. Aus der Box entlassen wird es wortlos erst 10 Minuten später.

? Ich habe für unseren Welpen eine Hundebox für Autofahrten gekauft. Er will jedoch partout nicht in diese Box. Was machen wir falsch?

Geben Sie Ihrem Kleinen einige Tage lang alle Mahlzeiten in der Box, und stellen Sie die Futterschüssel ganz hinten hinein. Das Türchen bleibt immer offen, bis Ihr Welpe problemlos ein und aus geht. Legen Sie ihm seine gewohnte Decke in die Box und verstecken Sie ein bis zwei Leckerlis in den Deckenfalten. Legt er sich von alleine auf die Decke, um auszuruhen, lassen Sie zunächst die Boxtür offen. Erst wenn er ganz selbstverständlich mit der Box um-

geht, legen Sie ihm ein besonders begehrtes Leckerli in die Box. Während Ihr Hundekind schmaust, schließen Sie die Tür und stellen die Box ins Auto. Seien Sie konsequent und haben Sie Geduld.

❓ Der Züchter will uns den Welpen erst mit 12 Wochen abgeben. Finden Sie das in Ordnung?

Der beste Abgabezeitpunkt liegt zwischen der 8. und 9. Lebenswoche, weil der Welpe während der Sozialisierungsphase, die nur bis zur 14. Woche dauert, seine neue Umgebung ohne Geschwister und Mutter kennenlernen muss. Versäumt er diese Prägung, könnte er später mit fremden Menschen Probleme haben.

❓ Unser Welpe macht bei jeder Begrüßung eine kleine Pfütze. Kann man das abstellen?

Dieses Verhalten nennt man auch submissives Urinieren. Das zeigen hauptsächlich Hunde, die sich extrem

unterordnen. Die Ursache kann angeborene Wesensschwäche, zu grobe Früherziehung oder zu starke Dominanzausstrahlung der Menschen sein, die ihn begrüßen. Nehmen Sie sich allgemein, auch in der Lautstärke, mehr zurück. Rufen Sie den Kleinen, bevor er sich unterwirft, zu sich und geben Sie ihm schnell wortlos ein Leckerli. Im Weggehen beachten Sie ihn nicht mehr. Mit der Zeit wird er selbstsicherer werden. Besucher dürfen ihn gar nicht beachten und auch nicht ansprechen. Setzt er doch hin und wieder eine Pfütze ab, ignorieren Sie das völlig und lassen ihn nicht einmal beim Reinigen zuschauen.

❓ Was versteht man unter einem dominanten Hund?

Die Grundhaltung eines dominanten Hundes ist vor allem Freundlichkeit, ohne, dass er sich anbiedert. Er ist auch nicht feindselig oder aggressiv. Er strahlt Ruhe und Souveränität aus und

wird von Artgenossen und subdominanten Hunden unterwürfig als Ranghöherer anerkannt. Er trägt Kopf und Schwanz erhoben. Manche Hundehalter glauben, wenn ihr Vierbeiner an der Leine tut, was er will, Aggressionen zeigt oder keine Befehle befolgt, sei er dominant. Doch solch ein Hund ist in der Regel einfach nur schlecht erzogen. Ein dominanter Hund hat lautstarke oder sogar körperliche Auseinandersetzungen nicht nötig.

❓ Wann sollte man statt eines Halsbands ein Brustgeschirr für den Hund verwenden?

Zu einem Brustgeschirr rate ich bei Zwerghunden, Hunden mit dickem Hals oder Hunden mit gesundheitlichen Halsproblemen. Während der Erziehung oder Ausbildung ziehe ich jedoch ein weiches Halsband vor, denn Signale über Leine und Halsband nimmt der Hund klarer auf als über das Brustgeschirr.

Gesunde Ernährung

Welche Nahrung beschert unseren Vierbeinern ein langes, gesundes Leben? In diesem Kapitel gebe ich meine 30-jährigen durchweg positiven Erfahrungen in dieser Frage an Sie weiter ...

Der Hund ist das, was er »isst«

Ein »Bild« von Hund: »drahtig«, muskulös, weder zu dick noch zu dünn, dichtes, glänzendes Fell, klare, blanke Augen.
Einen großen Teil dazu trägt eine ausgewogene Kost bei.

WIR BESTIMMEN SELBST, wie wir uns ernähren wollen, aber unsere Hunde sind von unserer Entscheidung und von unserem Wissen abhängig.

Natürliche Ernährung

Der Hund ist ein Fleischfresser. Er hat das Gebiss eines Raubtieres, das überwiegend auf das Fangen und Zerteilen von Beutetieren eingerichtet ist. Natürliche Ernährung orientiert sich also am Beutetier. Dessen Fleisch liefert das Eiweiß und Fett, in den Knochen ist Calcium, im Blut Natrium, in der Leber und in der Niere befinden sich fettlösliche Vitamine. Wasserlösliche Vitamine sind im Darm und im Darminhalt zu finden. Der Wolf, der Urahn unserer Hunde, frisst dazu Früchte, Gräser, Wurzeln, Blätter, auch Exkremente anderer Tiere und sonstige Abfälle.
Zu viel Getreide schadet Der Organismus des Hundes ist vorwiegend auf eiweißreiche Nahrung, also vor allem auf Fleisch, eingestellt. Bei Hunden, die mit einer Mischkost und einem hohen Getreideanteil gefüttert werden, kommt es durch den niedrigen Reiz des Getreides auf die Magenschleimhaut oft zu einer zu geringen Salzsäureproduktion.

Das hat Verdauungsstörungen durch Fehlgärungen zur Folge, weil der Futterbrei nicht intensiv genug verdaut werden kann. Daher rate ich Ihnen, wenn Sie Getreide füttern, es nie zusammen mit der Fleischmahlzeit zu geben.

Fertigfutter-Qualität

Laut Futtermittelindustrie füttern gut 30 % der Hundehalter Fertigfutter, welches man als Trockenfutter oder als Nassfutter in Dosen bekommt. Die Qualität ist, je nach Hersteller, verschieden. Durchweg handelt es sich aber um sogenanntes Komplettfutter in dem, laut

Etwas zu benagen macht nicht nur Spaß, sondern tut auch gut, wenn die Zähnchen »sprießen« und das Zahnfleisch juckt. ▸

Volle Konzentration: Hier tut sich was, und das könnte höchst interessant sein.

Angaben auf der Verpackung, alle notwendigen Inhaltsstoffe, die der Hund braucht, vorhanden sind. Schlechtes Fertigfutter besteht überwiegend aus Getreide, und die Qualität des Eiweißes unter der Bezeichnung »Tierische Nebenprodukte« ist nicht feststellbar. Achten Sie daher beim Kauf von Fertigfutter vor allem auf die Inhaltsangabe. Je genauer die einzelnen Bestandteile mit Prozentangaben ausgeführt sind, umso besser. Allerdings handelt es sich bei Fertigfutter um konservierte Nahrung, die aus intensiv verarbeiteten, gekochten Produkten besteht. So behandelten Nahrungsmitteln fehlt im Vergleich zur Frischkost die Vitalkraft frischer Lebensmittel. Deshalb füttere ich meine Hunde seit über 30 Jahren mit Rohfleisch, Knochen, Gemüse und entsprechendem Beifutter.

Selbst zubereitetes Futter

Der Wolf frisst nicht nur Fleisch, sondern Tiere »mit Haut und Haaren«. Diese Art der natürlichen Ernährung ist selbstverständlich heute für den Großteil der Hundehalter schon aus ästheti-

schen Gründen nicht durchführbar. Also müssen wir uns aus naturbelassenen Zutaten eine Nahrung zusammenstellen, die in ihrer Zusammensetzung so weit wie möglich der Nahrung eines »Wildcaniden« gleicht. Dazu gehören folgende Grundkomponenten:

▸ Fleisch
▸ Knochen/-ersatz
▸ Gemüse
▸ Verschiedene Futterzusätze

Fleisch allein wäre für den Hund ungesund, da es sehr viel Phosphor und sehr wenig Kalzium enthält. Der Hund braucht aber mehr Kalzium als Phosphor in seiner Nahrung (Verhältnis: 1:1,2) Deshalb muss ergänzend zu einer vernünftigen Knochenfütterung Kalzium noch in anderer Form hinzugefüttert werden (→ Knochen, Seite 64). Als Futterfleisch eignet sich Rindfleisch, Lamm, Pferd, Wild und Fisch. Mageres Muskelfleisch hat einen hohen Eiweißgehalt und ist sehr gut verdaulich. Kopf- oder Gulaschfleisch ist fettreicher und hat mehr Bindegewebe. Geflügel (Muskelfleisch) ist bei hoher Eiweißqualität sehr fettarm. Innereien (Leber, Herz, Nieren, Milz, Lunge, Pansen), die zusätzlich spezielle Vitamine und Spurenelemente enthalten, sollten pro Mahlzeit nicht mehr als höchstens 5 % des Fleischanteils betragen, da sie sehr phosphorreich sind. Bei Leber besteht die Gefahr der Überversorgung mit Vitamin A. Pansen hat einen niedrigen Eiweißwert, hohen Bindegewebsanteil und ist schwer verdaulich. Eingefrorenes, zerkleinertes Fleisch in verschiedenen Sorten und Mischungen wird im Handel angeboten und handwarm, zusammen mit dem Auftauwasser, verfüttert.

TIPP

Ernährung auf Reisen

Auf Ferienreisen ist es meist nicht möglich, dem Hund selbst zubereitetes Futter zu bieten. Ich empfehle Ihnen daher, Trockenfutter statt Dosen mitzunehmen, weil es praktischer zu handhaben ist. Stellen Sie Ihren Vierbeiner aber schon einige Tage vor der Reise auf das ungewohnte Futter um.

Eine wichtige Voraussetzung zur Gesundheitsvorsorge:
Ernähren Sie Ihren Welpen ausgewogen. Dann
wird er sich körperlich und geistig prächtig entwickeln.

Achtung! Auf keinen Fall dürfen Sie rohes Schweinefleisch füttern, da es den Aujeszkischen Virus beinhalten kann, der für den Hund absolut tödlich wäre. **Knochen** liefern dem Hund nicht nur Kalzium, sondern auch viele Mineralstoffe. Rohe fleischige »Brustkernknochen« vom Kalb! oder Lamm! werden von Hunden (ab Größe »Dackel Normalschlag«) mit gesunden Zähnen nach vollendetem Zahnwechsel problemlos vertragen, wenn man bei der Menge der Knochen nicht übertreibt. Ersatzweise oder ergänzend muss bei Welpen oder alten Hunden, die Knochen noch nicht oder nicht mehr selbst zerkleinern und verdauen können, auch Knochenmehl (es darf aber nicht erhitzt worden sein, sonst ist es wertlos), Knochenpaste (ge-

Der Zwerg vor einem Futterberg. Tagesration besser in vier Mahlzeiten aufteilen.

mahlene, rohe Knochen), Eierschalen! oder Kalziumnitrat (wird vom Körper besser aufgenommen als Kalziumcarbonat) zugefüttert werden.

Gemüse aus verschiedenen rohen Gemüsesorten, fein zerkleinert (fast püriert), ist eine hervorragende Nahrungsergänzung. Je nach jahreszeitlichem Angebot wird eine entsprechende Mischung hergestellt. Da die Zellwände des Gemüses durch das Zerkleinern zerstört werden, kann der Hund die wertvollen Inhaltsstoffe (Vitamine, Mineralstoffe und Spurenelemente) sehr gut verwerten. Gleichzeitig wird er so mit Ballaststoffen versorgt. Die Gemüsemischung sollte überwiegend aus verschiedenen grünen Blattsalaten bestehen: Kopfsalat, Ruccola, Spinat, Löwenzahnblätter, junge Brennnessel, Kresse, Feldsalat usw. Der Rest ergänzt sich wahlweise zum Beispiel aus Kohlrabi, Blumenkohl, Sellerie, Lauch und Rosenkohl. Jede Gemüse-Mischung sollte zu einem Drittel aus Karotten (Möhren) bestehen, da sie Ballaststoffe enthalten, die die Darmflora günstig beeinflussen und für das wichtige Beta-Karotin sorgen.

Achtung! Rohe Kartoffeln, rohe grüne Bohnen, Peperoni oder Auberginen enthalten teilweise Giftstoffe.

Obst in jeder Art zwischen den Mahlzeiten in kleinen Mengen füttern.

Fette und Öle liefern nicht nur Energie, sondern sie sind lebensnotwendig. Pflanzliche Öle enthalten einen großen Teil ungesättigter Fettsäuren. Sie verbessern Haut und Haarkleid des Hundes.

Fette begünstigen die Absorbtion fettlöslicher Vitamine und verbessern die Futteraufnahme. Bei einem Fettgehalt der Fleischnahrung von 10 % bis 15 % und Zufütterung von essenziellen Fettsäuren in Form von etwa Distelöl mit einem hohen Linolsäure-Anteil (72 %) ist der Bedarf an Fetten abgedeckt. Milchprodukte lieben und vertragen viele Hunde, andere haben damit wegen des hohen Milchzucker-Anteils Probleme (Durchfall). Eine geringe Zugabe von Milch im Trinkwasser animiert

weil sein kurzer Verdauungsweg und seine Darmflora nicht darauf eingerichtet sind. Bei Fertignahrung wird das Getreide durch Erhitzen »aufgeschlossen« und für den Hund verwertbar gemacht, weil es in Stärke umgewandelt wird. Bei meinen Hunden decke ich den geringen Bedarf an Kohlenhydraten mit einer Scheibe altbackenem Brot, »Quarkfrühstück« mit Haferflocken und Kokosflo-

**WUSSTEN SIE
SCHON, DASS …**

… der Hundemagen enorm groß ist?

Er ist relativ zum Körpergewicht gesehen etwa achtmal so groß wie ein Pferdemagen! Der Hund ist also, wie der Wolf, in der Lage, große Mengen an Nahrung zu vertilgen. Bei Wölfen ist dies notwendig, weil sie nicht jeden Tag Jagdbeute machen und wenn sie von der Jagd zurückkommen, werden sie von den zurück gebliebenen Welpen und Alten durch Mundwinkelstöße zum Hervorwürgen eines Teils der Nahrung gezwungen.

trinkfaule Hunde mehr zu trinken, wenn dies medizinisch notwendig ist. Sauermilch, Dickmilch, Joghurt oder Kefir werden gut vertragen, weil ein Teil des Milchzuckers in Milchsäure umgewandelt wurde. Käsewürfel sind als Belohnungshäppchen beliebt und werden gut vertragen. Ebenso Quark mit etwas Honig und einem rohen Eidotter. Kohlenhydrate kommen in Hafer- oder Weizenflocken, Reis, Brot, Zwieback, Kekse oder Hundeflocken vor. Der Bedarf ist gering. Der Hund kann ja von Natur aus Zellulose nicht verwerten,

cken oder selbst gebackenen Hundekeksen außerhalb der Fleischmahlzeiten. Futterzusätze Je nach Alter oder gesundheitlicher Notwendigkeit wird die Fleisch-, Knochen-, Gemüsenahrung mit einer fertigen Mineralstoffmischung ergänzt, die für eine gesunde körperliche Entwicklung sorgt. Lassen Sie sich von Ihrem Tierarzt beraten. Leinsamenöl oder Omega 3-Fettsäuren in Form von Lachsöl ergänzen die essenziellen Fettsäuren, die auf Seite 64 beschrieben sind. Ebenso Seealgen wie *Spirulina* in Pulver- oder Tablettenform.

B.A.R.F

Der moderne Sammelbegriff bedeutet: Biologisches Artgerechtes Rohes Futter. 1993 veröffentlichte der australische Tierarzt Dr. Ian Billinghurst seine Erkenntnisse mit dieser Fütterungsmethode. Das Konzept von BARF führt zurück zu einer biologisch artgerechten Ernährung, so, wie ich sie bereits seit über 30 Jahren bei meinen Hunden praktiziere. Sie brauchen zum BARFEN weder Tabellen oder wissenschaftliche Berechnungen. Voraussetzung dafür, dass der Hund mit der BARF-Methode gesund ernährt wird, ist die bedarfsgerechte Zusammenstellung der notwendigen Zutaten. Diese richten sich nach dem Alter und dem Gewicht des Hundes. Achten Sie auf rohe, frische Naturprodukte und orientieren Sie sich beim Mischungsverhältnis nach meinen folgenden Rezepten. Informieren Sie sich zusätzlich im Internet (→ Adressen, Seite 141).

Vierbeiner haben einen anderen Geschmack. Das Wasser aus einem Teich schmeckt Hunden meist viel besser als das gechlorte Leitungswasser.

So wird's ein »Prachthund«

Die Voraussetzung für eine gesunde körperliche Entwicklung Ihres Welpen ist eine ausgewogene Ernährung. Verantwortungsvollen Hundehaltern ist das bewusst.

MUTTERMILCH ist die ausschließliche Nahrungsquelle der Welpen bis zur 4. Lebenswoche. Ab der 4. bis 5. Woche würgt die Wolfsmutter den Welpen zusätzlich zur Muttermilch vorverdautes Fleisch von Beutetieren vor, was unsere Hundemütter allerdings nur noch selten machen. Richtig ernährte Hundewelpen bekommen ab der 4. bis 5. Lebenswoche vom Züchter zusätzlich zur Muttermilch anfangs spezielle Welpenmilch und dann Brei. Auch kleinste Portionen fein geschabtes, mageres Rindfleisch nehmen die Kleinen schon an.

Das richtige Welpen-Futter

Spätestens bei der Abgabe an den Käufer, in der 8. Woche, sind die Welpen von der Muttermilch entwöhnt und fressen selbstständig feste Nahrung. Schon vor dem Abholen Ihres Welpen sollten Sie sich für ein bestimmtes Futter entschieden haben. Dabei gibt es einiges zu überlegen: Informieren Sie sich ausreichend über die gute Qualität von Fertigfutter für Ihren Welpen (→ Seite 61). Wenn Sie das Futter für Ihren Welpen selbst zubereiten, dann brauchen Sie ausreichende Kenntnisse über dessen Nahrungsbedürfnisse, und Sie müssen über die richtige Nahrungszusammensetzung und -zubereitung Bescheid wissen.

Das Selbstzubereiten des Futters nimmt zwar einige Zeit in Anspruch, kann aber auch Freude machen. Eine Dose oder Packung Fertigfutter zu öffnen, geht natürlich schneller. Wenn Sie das Futter selbst zubereiten möchten, stellt sich die Frage, ob Sie in Ihrer Nähe Frischfleisch beziehen können und zu welchen Konditionen? Stammt das Fleisch aus kontrollierten Schlachtungen, die der Lebensmittelkontrolle unterliegen? Ist das Fleisch wirklich frisch und wird das Gefriergut richtig gelagert? Ein weiterer Punkt der Überlegungen ist der Preis der Hundenahrung. Vergleichen Sie, indem Sie die Kosten für eine Tagesration berechnen.

Nach meinen Erfahrungen ist die Frischfleischfütterung bei günstigen Einkaufsmöglichkeiten am billigsten. Letztendlich muss sich aber jeder Hundehalter selbst für die entsprechende Fütterungsart seines Welpen entscheiden.

Ein guter Züchter gibt Ihnen einen detaillierten Futterplan und Futter für die ersten Tage, das der Welpe gewöhnt ist, mit. Ein ausführliches Gespräch mit dem Züchter wird Ihnen helfen, in den nächsten Wochen die richtige Fütterungsentscheidung zu treffen. Letztlich wird Ihnen jedoch der Hund zeigen, ob er sich auf das jeweilige Futter körperlich prächtig entwickelt oder was er vielleicht nicht verträgt.

Rund um die Ernährung

▸ **1** **Fressnapf** Ein höhenverstellbarer Futter- und Wasserständer ist für hastige Fresser geeignet. Sie fressen ruhiger und schlucken dabei nicht so viel Luft.

▸ **2** **Knochen** Das Abnagen eines rohen Knochens lieben Hunde, und es verhindert außerdem Zahnsteinbildung.

▸ **3** **Trinken** Ein Wassernapf aus Ton hält frisches Wasser länger kühl. Trinkwasser muss für den Hund immer erreichbar sein.

Wie oft und was füttern?

Die Tagesration eines Welpen sollte bis zu einem Alter von sechs Monaten auf vier kleinere Mahlzeiten verteilt werden. Ab sechs Monate bis zu einem Jahr verträgt er zwei bis drei größere Portionen. Der Magen eines Welpen kann große Rationen noch nicht verarbeiten. Außerdem würde der überfüllte Magen die noch nicht vollständig ausgebildete Muskulatur des Rückens überdehnen, was unter anderem zu einem Senkrücken führen könnte.

Die erste Mahlzeit am Morgen richtet sich in erster Linie nach Ihrem Tagesablauf, sollte aber nicht später als 8.00 Uhr stattfinden. Da Getreide nie zusammen mit der Fleischmahlzeit gefüttert werden soll und der Hund auch keine großen Mengen Getreide benötigt, verwende ich es zum »Quarkfrühstück« für meine Welpen: Eine der Größe des Welpen angepasste Menge (ca. 75 bis 150 g) Magerquark (20 %), etwa 1 gehäuften EL Haferflocken, 1 gehäuften TL Kokos-

flocken, 1 TL Weizenkeime, 1 TL Honig, 1 TL Blütenpollen, 1 TL Distel- oder Sonnenblumenöl, 1/2 TL fein zerstoßene Eierschalen, jeden zweiten Tag ein frisches Eigelb. Etwas fein geriebener Apfel mit Schale wird auch gerne angenommen. Ist der Brei zu trocken, verdünnen Sie ihn mit etwas Naturjoghurt oder Milch. Dieses hochwertige naturbelassene Frühstück bekommt auch Welpen sehr gut, die den Rest des Tages mit Fertigfutter ernährt werden. Gerade für sie ist das »Quarkfrühstück« eine wertvolle Nahrungsergänzung.

Die nächsten drei Mahlzeiten für den Welpen bestehen bei mir aus einem Fleischbrei nach folgender Rezeptur: 75 % (von der Gesamtmenge des fertigen Futters → Futtermenge, Seite 70) durchgedrehtes, rohes Muskel- oder Kopffleisch vom Rind, 20 % Gemüse (→ Seite 64), anfangs blanchiert (kurz aufgekocht) und nach langsamer Gewöhnung später roh. Das Gemüse muss maschinell zu Mus verarbeitet werden. Zusätzlich, je nach Jahreszeit, 1 EL fein

gehackte, frische, junge Brennnesselblätter, Löwenzahnblätter oder Bärlauch. 1 TL kaltgepresstes Distelöl und im Winter dazu 1 TL Lebertran. Wenn Sie kein »Quarkfrühstück« anbieten, dann 3-mal wöchentlich ein frisches Eidotter (Eiweiß nur gekocht verfüttern) über die Mahlzeiten geben. Dazu eine, dem jeweiligen Hund entsprechende, Mineralstoffmischung zur ausreichenden Versorgung mit Kalzium und anderen lebenswichtigen Mineralien und Vitaminen, die Ihnen der Tierarzt empfehlen sollte (→ Futterzusätze, Seite 65). **Hinweis** Wenn Sie Ihren Welpen mit Fertigfutter ernähren, füttern Sie am besten das Welpenfutter weiter, welches Ihnen der Züchter empfohlen hat und an das der Welpe bereits gewöhnt ist.

Fütterungspraxis

Sollte der Hund stets Futter zur freien Verfügung haben, so dass er fressen kann, wann er will, oder ist es besser, ihn zu bestimmten Zeiten zu füttern?

Über diese Frage wird zuweilen heftig diskutiert. Gegen das »Futter-Dauerangebot« sprechen für mich mehrere Gründe:

▸ Die meisten Vierbeiner leiden sowieso an Nahrungsüberfluss. Überfütterte und verfettete Hunde sind krank an Körper und Seele.
▸ Die Verdauungsorgane können sich zwischen den Mahlzeiten nie richtig entleeren und zur Ruhe kommen.

TIPP

Speiseplan beibehalten

Eine ständige Abwechslung im Speiseplan Ihres Hundes führt zur Erziehung eines heiklen Fressers. Wenn aus medizinischen Gründen ein Futterwechsel nötig ist, wird das neue Futter in kleinen Mengen unter das alte gemischt und so lange gesteigert, bis es mit dem »alten« Futter ausgetauscht ist.

Fütterungsregeln

Beachten Sie für die Mahlzeiten Ihres Welpen Folgendes:

○ Füttern Sie den Welpen immer am gleichen Ort und zur gleichen Zeit.

○ Er soll sich an seinem Futterplatz sicher und vor allem wohlfühlen.

○ Er kann ungestört fressen. Das gilt für die gesamte Familie, einschließlich der Kinder.

○ Seine Tagesrationen sind so abgestimmt, dass sich der Welpe bei den einzelnen Mahlzeiten nicht übernimmt.

○ Sein Futter wird sofort entfernt, wenn er den Futternapf verlässt.

▸ Bei der Erziehung oder Ausbildung lassen sich solche Hunde kaum mehr motivieren oder positiv bestärken, denn er ist ja schon »pappsatt«.

▸ Die sogenannte Freifütterung kann nur mit Trockenfutter funktionieren, denn Frischfleischfutter würde in der warmen Jahreszeit Fliegen anziehen oder in Gärung übergehen.

▸ Bei der Haltung mehrerer Hunde würden die gierigen sich schnell überfressen und verfetten.

Die rationierte Fütterung funktioniert mit allen Futtersorten. Der Enddarm des Hundes stellt sich auf bestimmte Zeiten ein, und Sie können die notwendigen »Gassigänge« besser vorherplanen. Mit einer pünktlichen Fütterung verhindern Sie zugleich das Betteln des Hundes. Stellen Sie ihm den Futternapf hin und beobachten Sie ihn bei der Futteraufnahme. Er sollte zügig, mit Appetit, fressen. Tut er das nicht oder entfernt sich gar von seinem Napf, nehmen Sie Ihm das Futter weg. Dies hat einen Erziehungseffekt bei schlechten Fressern, und außerdem haben Sie eine gute Kontrolle über die aufgenommene Futtermenge. Erst bei der nächsten anstehenden Mahlzeit bekommt Ihr Vierbeiner wieder seine normale Futterration. Ändern Sie keinesfalls die Futter-Zusammensetzung beispielsweise, indem Sie besondere Belohnungshäppchen ins Futter mischen. Ihr »schlauer Hund« würde sonst jeden Tag zunächst einmal das Futter verweigern, um vielleicht so doch noch an ein paar Extrahäppchen zu kommen.

Hinweis Futterverweigerung kann auch auf eine Erkrankung hindeuten. Meist ist dies aber noch mit anderen Anzeichen (zum Beispiel Apathie oder Fieber) verbunden (→ Seite 86).

Die richtige Futtermenge Lässt Ihr Welpe einen Futterrest in seinem Napf übrig, bekommt er bei der nächsten Mahlzeit genau um diese Menge weniger Futter. Zeigt er bei einer Mahlzeit an, dass er mehr vertragen könnte und sein Gewicht erlaubt es (→ Gewichtskontrolle, Seite 71), erhält er erst bei der nächsten! Fütterung eine entsprechend größere Portion.

Futterplatz Füttern Sie den Welpen immer am gleichen Platz, wo er ungestört seinen Napf leeren kann. Nach jeder Fütterung wird der Napf mit heißem Wasser gereinigt. Futterreste kommen in den Abfall und nicht etwa zurück in den Kühlschrank. Frisches Wasser muss dem Welpen immer zur

Verfügung stehen. Auch der Wassernapf wird natürlich täglich mit heißem Wasser gereinigt (→ Seite 68).

Futterqualität Futter darf nur in einwandfreiem Zustand verfüttert werden. Selbst zubereitetes und längere Zeit herumstehendes Futter kann gären und Durchfall verursachen. Angefangene Dosennahrung aus der Dose entfernen und in einer geschlossenen Kunststoffdose im Kühlschrank aufbewahren. Futter direkt aus dem Kühlschrank macht den Welpen krank. Leicht erwärmtes Futter wird von den Hunden besonders gern genommen, weil sich die Geschmacksstoffe darin dann stärker entfalten. Übergießen Sie Trockenfutter mit heißem Wasser, und lassen Sie es kurz aufquellen.

Gewichtskontrolle

Kontrollieren Sie in den ersten Wochen einmal wöchentlich, ob Ihr Welpe kontinuierlich zunimmt oder nicht. Legt er an Gewicht zu, spricht das auch für Ihr gutes und gesundes Futterangebot.

Hinweis Eine Futter-Überversorgung zwischen dem 3. und 6. Monat kann bei Welpen großer Rassen ein zu schnelles Wachstum auslösen und zu bleibenden Schäden führen. Da die jungen Knochen noch weich und formbar sind, kann es durch das zu hohe Gewicht, das auf ihnen lastet, zu Fehlstellungen kommen oder es wird zum Beispiel die Ausbildung einer ererbten Hüftgelenksdysplasie (HD) gefördert.

Wiegen Das funktioniert ganz einfach. Stellen Sie sich auf eine Personenwaage und lesen Sie Ihr Gewicht ab. Nehmen Sie dann Ihren Welpen auf den Arm und stellen sich mit ihm auf die Waage. Die Differenz zu Ihrem Gewicht ergibt

das Körpergewicht Ihres Welpen. Um festzustellen, ob Ihr Welpe über- oder unterernährt ist, hilft Ihnen die Waage allein wenig. Sie müssen zunächst das dem jeweiligen Alter entsprechende Normalgewicht Ihres Welpen wissen. Hierzu folgende Richtwerte:

Mittelgroße Rasse Gewichtskontrolle einer mittelgroßen Rasse mit einem Er-

Gesunde Welpen müssen stetig **an Gewicht zulegen**, andernfalls stimmt etwas nicht.

wachsenengewicht von 20 Kilogramm: Jeweils am Ende des 2. Monats = 4,4 kg, des 3. Monats = 7,4 kg, des 4. Monats = 10,4 kg, des 6. Monats = 14,0 kg, des 12. Monats= 19,0 kg.

Große Rasse Bei einer großen Rasse mit einem Erwachsenengewicht von etwa 35 kg: Jeweils am Ende des 2.

Für solch einen Zwerg reicht fast eine Briefwaage zum Wiegen. ▸

Monats = 7,0 kg, des 3. Monats = 12,2 kg, des 4. Monats = 16,8 kg, des 6. Monats = 22,8 kg, des 12.Monats = 29,8 kg.

Figurkontrolle Als interessierter Hundehalter lernen Sie schnell, den Ernährungszustand Ihres erwachsenen Hundes zu beurteilen. Stellen Sie sich hinter Ihren Vierbeiner und legen ihm Ihre Hände links und rechts an den Brustkorb. Mit leichtem Druck sollten Sie den Verlauf der Rippen gut spüren. Müssen Sie mit den Fingern erst fest drücken, bis Sie die Rippen fühlen, ist Ihr Hund zu dick. Bei Welpen wird häufig von »Welpenspeck« gesprochen, der sich verwächst. Das stimmt nur bis etwa zur 12. bis 14. Lebenswoche. Danach sollte der Welpe eher drahtig und muskulös und immer etwas hungrig sein.

Die Sache mit den Hundehäufchen

Der gesunde Kot Ihres Welpen ist Ei ähnlich geformt und elastisch, weder hart und bröselig oder breiig.
Die Farbe ist vom Futter abhängig. Bei ausgewogener Ernährung ist der Kot braun bis dunkelbraun. Bekommt Ihr Hundekind zu viele Knochen kann er hellgrau sein. Gelblich ist der Kot zum Beispiel bei zu viel Milchfütterung. Fast schwarzer, schmieriger Kot zeigt sich bei reiner Leberfütterung. Hat der Welpe Durchfall ohne Blut, setzen Sie einen Tag mit der Fütterung aus. Hält der Durchfall an oder ist sogar Blut beigemischt, gehen Sie umgehend mit dem Kleinen zum Tierarzt.

MEIN HEIMTIER

Wie umweltsicher ist Ihr Welpe?

Nachdem sich der Welpe in Ihrem Wohnumfeld eingewöhnt hat, möchte er nun auch seine nähere Umgebung erkunden. Hier bietet sich für Sie die Gelegenheit, die bereits vorhandene oder fehlende Umweltsicherheit Ihres Hundekindes zu testen.

Der Test beginnt:

Suchen Sie schrittweise mit Ihrem Welpen den Kontakt zu fremden Erwachsenen, Kindern und Artgenossen. Wie verhält er sich bei Geräuschen des Straßenverkehrs? Beobachten Sie das Verhalten Ihres Welpen. Bei welchen Situationen reagiert er ängstlich oder wann erschreckt er sich? Verteilen Sie den Test auf mehrere Tage. Überfordern Sie den Welpen nicht mit zu vielen neuen Eindrücken.

Mein Testergebnis:

Hier kann man nicht ▶
sagen, dass der Hund
stiehlt. Dank der Vergess-
lichkeit seines Menschen
findet er die Wurst und
»verwertet« sie sogleich.

Kotmenge Der Kotabsatz Ihres Welpen verrät viel über die Qualität des Futters. Je mehr »Unverdauliches« Ihr Hund mit dem Futter aufnimmt (eventuell billiges Fertigfutter), umso größere Mengen Kot setzt er ab. Ist die Kotmenge allerdings so groß wie die Futtermenge, sollten Sie nicht zögern, mit Ihrem Hundekind den Tierarzt aufzusuchen.

Besondere Probleme

Verdorbene Nahrungsmittel, die von Schimmelpilzen befallen sind, bilden Toxine, die beim Hund schwere Vergiftungserscheinungen auslösen können. Bei feuchtwarmer Lagerung von Trockenfutter und anderen Futtermitteln können sich Gifte besonders leicht vermehren. Der Hund kann zwar als Aasfresser mit seiner Magensäure und Gallensäure eine bestimmte Anzahl von Bakterien vernichten, aber nicht deren Toxine. Wenn Sie also Schimmelbefall erkennen, müssen Sie vorsorglich die ganze Packung entsorgen.

Gras fressen kann verschiedene Gründe haben. Die häufigste Ursache sind Verdauungsstörungen, sehr oft durch zu viel Magensäure ausgelöst. Der Hund erbricht dann das Gras zusammen mit einem gelblichen Schaum. Aber auch zur Nahrungsergänzung wird junges, saftiges Gras gefressen, das aber nicht wieder erbrochen wird. Mein jetziger Schäferhund beispielsweise frisst mit Genuss die abgetrockneten Blätter unseres »Wilden Weines«.

Kot fressen (Koprophagie) kann auf eine Mangelerscheinung hindeuten. Frisst Ihr Hund seinen eigenen oder fremden Kot leidet er möglicherweise an einem Mangel von Verdauungsenzymen. Wenn er Kot vom Pferd, Rind oder Schaf aufnimmt, kann dies ein Eiweiß- oder Vitamin-B-Mangel bedeuten. Überprüfen Sie die Zusammensetzung des Hundefutters. Wenn alles in Ordnung ist, müssen Sie Erziehungsmaßnahmen ergreifen. Übrigens, die Hündin frisst auch den Kot ihrer Welpen. Doch dies ist ein normales Verhalten.

Pflege und Gesundheit

Regelmäßige Pflegemaßnahmen leisten einen wichtigen Beitrag zur Gesundheitsvorsorge des Vierbeiners. Und falls er krank wird, zögern Sie nicht, ihn schnellstens dem Tierarzt vorzustellen.

Der gepflegte Hund – schön und gesund

Gewöhnen Sie Ihren Welpen von klein auf an Pflegerituale, die er als positiv empfindet. Eine sanfte Bürstenmassage tut gut, lobende Worte von Frauchen oder Herrchen und dann noch ein Leckerli für braves Verhalten – das gefällt dem Kleinen garantiert.

DIE REGELMÄSSIGE PFLEGE des Hundes dient nicht allein der Hygiene und seiner Schönheit. Sie erkennen auch Krankheitsanzeichen schneller. Außerdem hat die »hautnahe« Beschäftigung mit Ihrem Tier eine wichtige soziale Komponente: Ihr Hund gewinnt Vertrauen zu Ihnen. Und das verliert er auch nicht, wenn er zum Beispiel krank ist und Schmerzen hat, und Sie ihn berühren müssen, obwohl ihm das unangenehm ist.

Ein schönes Haarkleid

Es gibt Hunde mit den verschiedensten Haararten wie Langhaar (Collie), Stockhaar (Deutscher Schäferhund), Kurzhaar (Boxer), Stichelhaar (Foxterrier) und Hunde, deren Haare erst nach den jeweiligen Rassevorschriften getrimmt werden müssen (Pudel). Jeder Hund, außer den getrimmten Vierbeinern, kommt zweimal jährlich in die »Haarung«, das heißt, er stößt altes, abgestorbenes Haar und Unterwolle ab. Bei Hunden mit sehr dichter Unterwolle (Nordische Rassen) wird das Haar teilweise in ganzen Platten abgestoßen. Solch einen abrupten Verlauf können Sie ein wenig mildern, wenn Sie Ihrem Hund regelmäßig das Fell auskämmen.

An Fell- und Körperpflege gewöhnen

Legen Sie eine Decke auf den Tisch und setzen Sie Ihren Welpen darauf. Bringen Sie ihn durch Streicheln und beruhigende Worte in eine entspannte Liegeposition. Sobald er das Kraulen am Bauch ausgiebig genießt, zeigen Sie ihm die Bürste und den Kamm, die er beschnuppern darf. Beginnen Sie ganz sanft und ohne Druck sein Fell mit einigen Bürstenstrichen – in Fellwuchsrichtung, also mit dem Strich – zu bearbeiten. Nach zwei, drei Bürstenstrichen bekommt er unter großem Lob ein Leckerli. Brechen Sie die Fellpflege an dieser Stelle ab. Am nächsten Tag versuchen Sie, ihn schon

Der hübsche King-Charles-Welpe ist schon jetzt eine gepflegte Erscheinung von Kopf bis Fuß.

etwas länger zu bürsten und beginnen auch, den Kamm vorsichtig einzusetzen. Bleiben Sie während der gesamten Prozedur unbedingt gelassen.

Welpen, die beim ersten Mal zu grob und ungeduldig »gepflegt« werden und Schmerzen erfahren, lassen sich auch später nicht gern kämmen oder bürsten. Sobald der Welpe jedoch begriffen hat, dass ihm das Bürsten und das Kämmen guttut und dass zwischendurch und auch zum Abschluss immer ein Leckerli winkt, wird er sich vertrauensvoll und mit Wonne von Ihnen pflegen lassen.

Baden Ein Hund muss in der Regel nicht gebadet werden, wenn er regelmäßig gekämmt und gebürstet und in einer sau-

Krankhafte Veränderungen des Fells

Eine mangelhafte oder falsche Ernährung kann die Ursache für stumpfes, sprödes, trockenes, übel (ranzig) riechendes Fell in Verbindung mit trockener Haut und Schuppen sein. Abhilfe kann eine ausgleichende Mineralstoffmischung (vom Tierarzt), Bierhefe, Eidotter oder täglich bis zu einem EL Distelöl schaffen. Stellen Sie Ihren Vierbeiner am besten dem Tierarzt vor.

Eine saubere Nase

Der Nasenspiegel, die lederartige Nasenspitze, des Hundes sollte immer feucht und sauber sein. Nach »Grabarbeiten«

Der Welpe muss seine Pflege durch Sie positiv erleben. Üben Sie sich in Ruhe und Geduld. Hektik und Nervosität sorgen für ein Negativerlebnis bei Ihrem Hundekind.

beren Wohnungen gehalten wird. Sollte es dennoch einmal nötig werden, müssen Sie ein rückfettendes Hundeshampoo verwenden, um nicht den Fett- und Säuremantel der Haut des Hundes zu zerstören. Vor allem im Winter darauf achten, dass das Fell trocken ist, bevor es nach draußen geht. Sobald es sommerliche Temperaturen erlauben, sollten Sie Ihren Welpen zum Planschen im seichten Wasser (flaches Kinder-Planschbecken) animieren, damit er das Wasser lieben lernt. Regelmäßiges Schwimmen im Sommer ist die beste Fellpflege. Wenn das Fell nach dem Schwimmen getrocknet ist, wird es locker durchgekämmt und bei kurzen Haaren zur Hautmassage auch gegen den Strich gebürstet.

Ihres Welpen wird der Nasenspiegel mit lauwarmem Wasser gesäubert und wenn er zu trocken ist, mit Vaseline eingefettet, um ihn geschmeidig zu halten oder Risse zu vermeiden.

Bei wässrigem, klarem Nasenausfluss, verbunden mit Fieber, eitrigem, schleimigem oder blutigem Ausfluss umgehend den Tierarzt konsultieren.

Lippenpflege

Normalerweise sind die Lippen eines Hundes fest und geschlossen. Bei manchen Rassen, zum Beispiel Dogge oder Mastiff), ist es jedoch den Züchtern »gelungen«, herabhängende Lefzen herauszuzüchten. Das führt natürlich dazu,

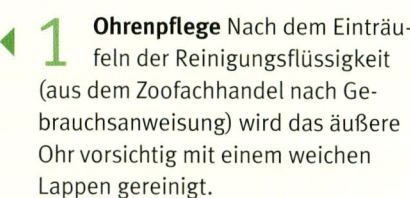

◀ 1 **Ohrenpflege** Nach dem Einträu-
feln der Reinigungsflüssigkeit
(aus dem Zoofachhandel nach Ge-
brauchsanweisung) wird das äußere
Ohr vorsichtig mit einem weichen
Lappen gereinigt.

Zahnkontrolle Kontrollieren Sie
regelmäßig die Zähne des Welpen auf Fremdkörper zwischen den
Zähnen und Zahnstein hin. Achten Sie
auch auf krankhafte Veränderungen
des Zahnfleischs und im Rachenraum. 2 ▶

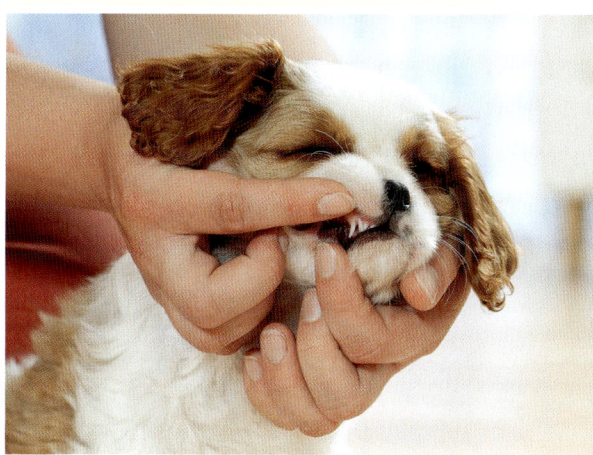

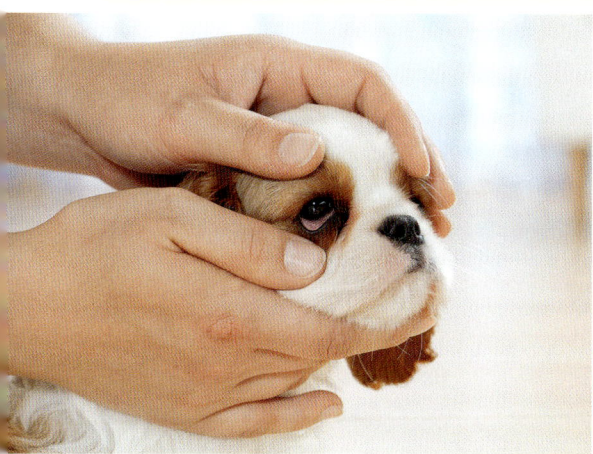

◀ 3 **Augenpflege** Verkrustungen
werden mit einem weichen,
feuchten Lappen aus den Augenwinkeln entfernt. Eitriger Ausfluss oder
Bindehautentzündungen muss der
Tierarzt behandeln (→ Seite 78).

Pfotenpflege Die noch empfind-
lichen Ballen und Zwischenze-
henräume müssen regelmäßig auf
Fremdkörper hin kontrolliert werden.
Das Einfetten mit Vaseline pflegt die
Pfotenballen (→ Seite 79). 4 ▶

◀ *Im Winter sollte der Welpe kein Eis fressen*

Nicht normal sind: fortschreitende Eintrübung und/oder farbliche Veränderungen des Glaskörpers, eitriger Ausfluss, Entzündungen der Bindehaut und hervorquellende Augen. Dann ist der Besuch des Tierarztes angesagt.

Zahnpflege

Kontrollieren Sie regelmäßig die Zähne Ihres Welpen auf Fremdkörper zwischen den Zähnen und Zahnstein. Wird er frühzeitig an die Zahnreinigung mit einer Hundezahnbürste und spezieller Zahncreme gewöhnt, duldet er dies auch als erwachsener Hund. Achten Sie auf Vollzähligkeit des Gebisses (Milchgebiss 28, Vollgebiss 42 Zähne).

Ohrenpflege

dass diese Hunde mehr oder weniger zwangsläufig »sabbern«. In solchen »Maultaschen« sammeln sich Futterrückstände und Schmutz, die bei mangelnder Pflege verkleben und von der Hundezunge nicht mehr gereinigt werden können. Daraus entwickelt sich oft ein sogenannter Lippenschorf oder ein Lippenekzem. Regelmäßige Pflege mit lauwarmem Wasser und ab und zu etwas Vaseline auf verhärtete Stellen verhindert solche Erkrankungen.

Hunde haben Stehohren, Kippohren oder Hängeohren. Sie müssen regelmäßig von Ohrenschmalz oder Schmutz befreit werden. Verwenden Sie dazu am besten eine spezielle Reinigungsflüssigkeit (aus dem Zoofachhandel), die leicht erwärmt werden muss und ins Ohr eingeträufelt wird. Hängeohren müssen besonders gepflegt werden, weil sie durch das Herabhängen nicht von alleine austrocknen können. Bei mangelnder Pflege kann es zu einer Ohrenentzündung kommen. Der Hund zeigt Ohrenprobleme an, indem er sich anfangs vorsichtig am Ohr kratzt, dann heftig den Kopf schüttelt und ihn in Richtung des erkrankten Ohres schief hält. Das Verstümmeln (Kupieren)der Ohren ist seit 1987 in Deutschland verboten.

Augenpflege

Die Augen müssen klar sein. Die Augenlider sollen eng am Auge anliegen und das Eindringen von Schmutz verhindern. Entfernen Sie täglich morgens Verkrustungen mit einem feuchten Tuch aus den Augenwinkeln Ihres Welpen.

Pfoten- und Krallenpflege

Pfoten Die Pfoten-Ballen sind sozusagen die Fußsohlen des Hundes. Gelegentliches Abwaschen, auch zwischen den Zehen, und Einfetten mit Vaseline pflegt die Pfoten. Im Winter muss Streusalz von den Pfoten abgewaschen werden. Fetten Sie die Ballen mit Hirschtalg ein oder verwenden Sie ein Schutzspray (aus dem Zoofachhandel), das vor dem aggressiven Salz schützt. Hunde mit starker Behaarung zwischen den Zehen leiden im Winter unter schmerzenden Eisklümpchen, die sich zwischen den Zehen bilden. Hier hilft ebenfalls vorbeugend Hirschtalg oder die Entfernung der starken Behaarung. Bei Fahrradtouren auf befestigten Straßen können die

Pfoten buchstäblich »abgeschmirgelt« werden, so dass der Hund mit blutigen »Füßen« nach Hause kommt. Bei Verletzungen können Entzündungen oder Verhärtungen entstehen.

Krallen Im Normalfall läuft der Hund seine Krallen bei ausreichender Bewegung selbst ab. Durch Mangelernährung treten aber viele, besonders größere Hunderassen, in den Vorderfußgelenken so stark durch, dass sie mit den Krallen nicht mehr ausreichend den Boden berühren. Lassen Sie sich das Krallenschneiden vom Tierarzt zeigen.

Die Geschlechtsteile

Kontrollieren Sie die Scheide der Hündin regelmäßig auf außergewöhnlichen

2 **Fellpflege für Fortgeschrittene** Der Welpe weiß nun, dass Bürsten guttut und vielleicht sogar nach der »Schönheitspflege« ein Leckerchen winkt. Er liegt entspannt auf der Seite und genießt die sanfte Massage.

1 **Fellpflege für Anfänger** Bürsten regt die Fettdrüsen der Haut an, und das Fell bekommt einen schönen Glanz. Bei ersten Pflegeversuchen den Welpen nur an die Berührung mit der Bürste gewöhnen.

Gesundheitskontrolle

Je früher Sie eventuelle Krankheitsanzeichen bei Ihrem Welpen bemerken, umso besser sind oft die Heilungschancen.

- ○ Ihr Welpe verhält sich in seinen Wachphasen munter und unbeschwert, neugierig und ist immer für ein Spielchen zu haben.

- ○ Sein Körper ist muskulös, weder zu dünn noch zu dick (→ Seite 71).

- ○ Das Fell ist sauber und glänzend.

- ○ Die Haut ist glatt, ohne Verdickungen unter der Haut, feucht und selbstverständlich frei von Parasiten.

- ○ Beine und Pfoten sind gelenkig und verursachen ihm beim Laufen offensichtlich keinerlei Schmerzen.

- ○ Der Welpe läuft in allen Gangarten harmonisch und zeigt bei keiner Bewegung eine Behinderung.

- ○ Die Pfotenballen sind unempfindlich, wenn Sie sie abtasten.

- ○ Die Ohren sind sauber und geruchlos.

- ○ Die Augen sind klar und strahlend.

- ○ Die Zähne sind weiß, unbeschädigt und vollzählig (→ Seite 78).

- ○ Das Zahnfleisch und die Zunge sind feucht und rosafarben.

Ausfluss hin. Die Regelblutungen sind normal. Für den Wohnungsaufenthalt gibt es Schutzhöschen, um Blutströpfchen auf dem Boden zu verhindern. Prüfen Sie die Hoden des Rüden auf Geschwulste bzw. Veränderungen hin. Vorhautspülungen können beim Rüden Vorhautentzündungen vorbeugen. Sprechen Sie mit Ihrem Tierarzt darüber. Stellen Sie einen Welpen, der nur einen oder keinen Hoden hat, dem Tierarzt vor. Hoden, die sich innerhalb der Bauchdecke befinden, können dem Hund später Schwierigkeiten bereiten.

Hinterteil, Urin und Kot

After und Analdrüse Schauen Sie Ihrem Hund ruhig öfter mal unter den Schwanz. In der Regel pflegt sich der Hund hier selbst. Doch am After befindet sich die Analdrüse, die beim Kotabsatz ein stark riechendes Sekret absondert. Dies ist die individuelle »Duftnote« des Hundes. Daran erkennen sich die Hunde untereinander. Halten Sie After und Analdrüse immer sauber. Gegebenenfalls beides mit einem feuchten Tuch abwischen und gelegentlich mit Vaseline einfetten. Wenn die beiden Analdrüsenöffnungen längere Zeit verklebt sind, kann es zu einer Überfüllung und Entzündung der Analdrüse kommen. Hier muss der Tierarzt eingreifen.

Urin Er darf bei der Abgabe nicht nur tröpfeln, sondern muss strahlen. Die Farbe sollte hellgelb bis dunkelgelb sein.

Kot Der Kotabsatz muss täglich kontrolliert werden. Er sollte in festen, kompakten, nicht zu harten Würstchen abgesetzt werden. Bei Durchfall ohne Blut, setzen Sie einen Tag mit der Fütterung aus. Prüfen Sie, ob das Futter den Durchfall verursacht haben könnte (→ Seite 72).

Vorsorge und Heilen

Gesunde Ernährung, gewissenhafte Pflege, ausreichend Bewegung und sinnvolle Beschäftigung Ihres Welpen sind die besten Garanten für seine stabile Gesundheit. Sollte Ihr Hundekind dennoch krank werden, müssen Sie es umgehend dem Tierarzt vorstellen.

IM TÄGLICHEN UMGANG mit Ihrem Welpen und bei seiner Pflege erkennen Sie schnell, wenn etwas nicht mit ihm stimmt und möglicherweise eine Krankheit im Anzug ist.

Krankheitsanzeichen

Folgende Veränderungen fallen auch einem Laien auf:

Verhaltensveränderungen Der Welpe zeigt ein trauriges, unlustiges, mürrisches, übellauniges Verhalten. Er wechselt häufiger den Platz, ist schreckhaft und hochgradig unruhig. Der Kleine läuft planlos hin und her, winselt, stöhnt, schreit auf, heult, ist besonders ängstlich. Er wirkt benommen und/oder zeigt sich seiner Umwelt gegenüber gleichgültig. Sein Blick ist ausdruckslos, er hat einen langsamen, schleichenden Gang. Er schläft ununterbrochen. Der Welpe hat vorübergehende Bewusstseinsstörungen, fällt in Ohnmacht oder leidet an Schwindelanfällen.

Veränderungen am Körper Die Stellung der Knochen ist offensichtlich falsch. Es zeigen sich Formveränderungen des Knochengerüstes. Der Hund magert ab oder setzt übermäßig Fett an. Die Haut liegt fest an. Der Welpe hat Haarausfall oder ein stumpfes Fell.

Veränderungen der Haut Der Welpe hat eine auffallend blasse oder andere Verfärbung der sichtbaren Schleimhäute, wie Augenbindehaut und innere Schleimhaut des Fanges (→ Checkliste, Seite 80). Die Haut der inneren Schenkelflächen und des Bauches ist verfärbt. Die Haut ist trocken, hart, heiß oder kalt. Die Hautausdünstung riecht übel. Die Haut ist schmerzempfindlich oder zeigt teigige Anschwellungen.

Körpertemperatur und Pulsschlag Die Normaltemperatur eines Hundes liegt zwischen 37,5 und 39 °C, bei Welpen bis 39,5 °C.

Der Puls beträgt bei größeren Hunden 70 bis 130 Schläge pro Minute, bei kleinen Rassen bis 180, bei Welpen bis 220.

> TIPP
>
> ### Wurmbefall
>
> Bei starkem Wurmbefall kann ein Welpe viel Blut und Nährstoffe verlieren. Weitere Infektionsanzeichen sind Durchfall, Erbrechen und Juckreiz am After (Schlittenfahren). Sollten Sie Blut im Kot entdecken, könnten es Spulwürmer sein. Schwarzer Kot deutet auf Hakenwürmer hin und kann Darmblutungen anzeigen.

Der Pulsschlag kann sich jedoch auch durch Angst, Schrecken, Freude, nach langer und anstrengender sportlicher Betätigung oder sonstigen Anstrengungen erhöhen. Den Pulsschlag können Sie an der Innenseite des Oberschenkels Ihres Hundes fühlen. Eine Verlangsamung des Pulses tritt zum Beispiel bei Vergiftungen auf, eine Beschleunigung

Welpen zeigen eine Krankheit durch **verändertes Verhalten** an. Der Tierarztbesuch ist unumgänglich.

dagegen beispielsweise bei Fieber, Herzschwäche und Blutverlust. In Ruhestellung atmet der Hund 10- bis 30-mal.
Fiebermessen Verwenden Sie ein Fieberthermometer, das die Temperatur im Ohr des Hundes messen kann. So geht das Fiebermessen schnell und ist wesentlich unproblematischer als eine Messung im After.

Liegt der Hund teilnahmslos auf seinem Ruheplatz, könnte er krank sein.

Besuch beim Tierarzt

Wenn ihr vierbeiniger Liebling zum Tierarzt muss, sind die meisten Halter sehr aufgeregt und können fast keine Antworten auf die Fragen des Arztes geben. Daher mein Tipp: Notieren Sie sich die Symptome, die Ihnen bei Ihrem Welpen aufgefallen sind. Sie sollten auch über die Beschaffenheit des Kots und des Urins Auskunft geben können. Ohne solche Angaben ist es für den Tierarzt manchmal unmöglich, eine schnelle Diagnose zu stellen.

Krankeiten vorbeugen

Entwurmen Bereits Welpen müssen entwurmt werden, da sie sich schon im Mutterleib, durch das Blut der Mutter, mit Spulwurmlarven infizieren können. Auch nach der Geburt können sich die Kleinen über die Muttermilch immer wieder neu anstecken. Daher ist eine Rundwurmbekämpfung (Spulwürmer gehören zu dieser Gruppe) schon ab der 2. Lebenswoche notwendig und sollte in 14-tägigen Abständen bis zur 12. Lebenswoche wiederholt werden. Erwachsene Hunde dagegen werden heute nicht mehr einfach »auf Verdacht« hin entwurmt, sondern nur, wenn bei Kotproben Wurmbefall – gleich, welcher Art – festgestellt wird.
Vor einer geplanten Impfung muss der Hund jedoch in jedem Fall entwurmt sein, weil sich sonst der Impfschutz nicht genügend aufbauen kann.
Impfen Auch beim Hund gibt es eine Reihe von zum Teil tödlichen Infektionskrankheiten, gegen die Impfstoffe entwickelt wurden. Deshalb sollte jeder Welpe eine Grundimpfung erhalten, denn sie kann Leben retten.

IMPFUNGEN GEGEN GEFÄHRLICHE INFEKTIONSKRANKHEITEN

IMPFALTER	IMPFUNGEN
7./8. Lebenswoche	Staupe, Leptospirose, Parvovirose, Hepatitis
11./12. Lebenswoche	Staupe, Leptospirose, Parvovirose, Hepatitis, Tollwut
15./16. Lebenswoche	eventuell Wiederholung der Tollwut-Impfung
15. Lebenswoche	Staupe, Leptospirose, Parvovirose, Hepatitis, Tollwut

Hinweis: Über die Zeitabschnitte und die Notwendigkeit der Wiederholungsimpfungen, wie sie bisher empfohlen wurden, wird zurzeit diskutiert. Es gibt inzwischen Impfstoffe, die bedeutend länger schützen, als die bisher empfohlenen und vom Gesetzgeber vorgeschriebenen (zum Beispiel Tollwut). Informieren Sie sich genau und entscheiden Sie nach der Beratung mit dem Tierarzt über den Impfplan Ihres Welpen.

Zu den gefährlichsten Infektionskrankheiten zählen:
▶ Staupe
▶ Hepatitis (ansteckende Leberentzündung)
▶ Leptospirose (auch »Stuttgarter Hundeseuche« genannt)
▶ Tollwut
▶ Parvovirose

Welpen haben zwar über die Muttermilch einen natürlichen Infektionsschutz, der aber nur eine begrenzte Wirkungsdauer hat. Zwischen der 6. und 8. Lebenswoche kann es zu einem starken Abfall der Schutzwirkung kommen. Der Welpe wird in Form der sogenannten Grundimmunisierung im Abstand von vier Wochen zweimal geimpft.

Der vollständige Impfschutz tritt aber erst ein bis zwei Wochen nach der Impfung ein. In dieser Zeit sollte der Welpe von erkrankungsverdächtigen Tieren ferngehalten werden.

Die gefährlichsten Infektionskrankheiten

Ohne Impfung verlaufen diese Infektionskrankheiten in vielen Fällen tödlich für den Hund.

Staupe auch: Carre'sche Krankheit, Canine Distemper. Symptome: Wechselnde Fieberschübe, Erbrechen, Durchfall, anfangs wässriger, später eitriger Nasenausfluss, Nasenschleimhautentzündung, Lungenentzündung.

Lichtscheue, eitrige Bindehautentzündung, Erblindung, Pustelbildung, Hautrötung an Schenkelinnenflächen und Unterbauch. Fell matt und struppig. Die gesamte Palette der Nervenerkrankungen von Muskelzuckungen bis hin zur Lähmung. Verschiedene Verlaufsformen, die nacheinander oder gleichzeitig auftreten können.

Eine wichtige Vorsorgemaßnahme:
regelmäßige Impfungen.
Sie können ein Leben retten!

Hepatitis contagiosa Symptome: Fieber, Abgeschlagenheit, Appetitmangel, Mandelentzündung, Bindehautentzündung, Schluckbeschwerden, Schleimhautblutungen, vorübergehende Hornhauttrübungen bei leichten Fällen. Es gibt dramatische Verlaufsformen mit plötzlichen Todesfällen. Häufig besteht deshalb der falsche Verdacht, der Hund sei an einer Vergiftung gestorben.

Leptospirose auch: Stuttgarter Hundeseuche. Symptome: Fieber, Allgemeinstörungen, Schwäche, Schleimhautblutungen, Gelbfärbung der Körperschleimhäute durch Leberschädigung und Zerstörung roter Blutkörperchen, unstillbares Erbrechen, Durchfall, Austrocknung. Es sind leichte, aber auch tödlich endende Verlaufsformen der Krankheit bekannt.

Tollwut auch: Lyssa, Rabies. Symptome: Der klassische Krankheitsverlauf gliedert sich in drei Phasen: Zunächst verändert sich das Wesen des Tieres. Es ist scheu, verkriecht sich, ist ungehorsam, nervös und schnappt nach »Fliegen«.

In der zweiten Phase wird das Tier aggressiv, es kommt zum sogenannten »Drangwandern« (rasende Wut). Unruhe, Zerbeißen von Gegenständen, Angriffslust, Speicheln, Raserei, perverser Appetit (Stroh, Textilien, Holz, Kot) sind weitere Symptome. In Phase drei zeigt sich Erschöpfung, Lähmung und schließlich stirbt das Tier. Es gibt aber auch die »stille Wut«, die mit Teilnahmslosigkeit, ausdruckslosem, starrem Blick, Unterkieferlähmung und heiserem Bellen einhergeht.

Parvovirose auch: Hundeseuche, Panleukopenie. Symptome: Wässrig-stinkender, zum Teil blutiger Durchfall, Erbrechen, Futterverweigerung, Abgeschlagenheit, massive Austrocknung, Herzmuskelentzündung. Todesfälle sind bei sehr jungen Hunden häufig.

Äußere Parasiten

Flöhe Sie sind die wohl bekanntesten Parasiten des Hundes. Obwohl meines Erachtens jeder gesunde Hund durchaus das Recht auf einen eigenen Floh hat, kann Flohbefall sehr lästig sein, denn ein Floh ist niemals allein. Bei massivem Befall kann der Hund mit Juckreiz, allergischen Reaktionen gegen Flohspeichel, Krustenbildung oder Haarausfall reagieren. Erwachsene Flöhe leben im Fell des Hundes. Sie saugen Blut aus der Haut. Das Blut brauchen sie zur Eiablage. Die Floheier fallen aus dem Fell auf die Liegeplätze des Hundes (Körbchen, Teppichboden oder Polstermöbel), wo sie sich weiterentwickeln. Da die erwachsenen Flöhe höchstens ein bis fünf Prozent der Population ausmachen, muss man neben der Bekämpfung am Hund auch hauptsächlich das Umfeld des Hundes mit den Entwicklungssta-

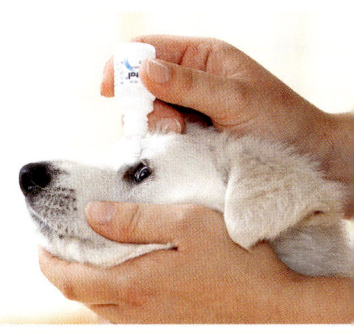

2 Augentropfen verabreichen Ziehen Sie mit dem Daumen der linken Hand die Bindehaut leicht nach unten und fixieren Sie den Kopf des Welpen. Mit der rechten Hand die Augentropfen auf das untere Lid träufeln.

1 Fieber messen Das mit Vaseline eingefettete Fieberthermometer wird in den After eingeführt und bis zur Anzeige festgehalten.

3 Verband anlegen Um eine Blutung zu stillen, ist es manchmal nötig, einen Verband anzulegen. Arbeiten Sie dabei ruhig und geduldig.

dien der Flöhe – Ei, Larven, Puppen – mitbehandeln. Gegen Flöhe am Hund helfen moderne »Spot-on«-Präparate, die auf das Fell geträufelt werden, Bäder, Puder, Sprays und spezielle Floh-Halsbänder. Der Flohbrut wird mit Insekten-Wachstumsregulatoren (Spray, Nebel, Tabletten) zu Leibe gerückt. Die Umgebung des Hundes, besonders seine Liegeplätze, müssen abgesaugt, gewaschen und mit Floh-Desinfektionssprays behandelt werden.

Zecken Der »Holzbock« oder die »braune Hundezecke« sind ebenfalls Blutsauger und kommen hauptsächlich in Waldbeständen mit viel Unterholz und auf Feld- und Wiesenrainen vor. Ihre Hauptaktivität ist im Mai/Juni und September/Oktober. Die braune Hundezecke wurde aus tropischen Gebieten eingeschleppt und ist wie die anderen Ze-

cken Überträger ernster Krankheiten, wie Borreliose, Babesiose, Ehrlichiose und FSME. Als Vorbeugemaßnahme helfen Zeckenhalsbänder, »Spot-on«-Präparate oder Sprays. Mein Tipp: Geben Sie hin und wieder eine halbe gepresste Knoblauchzehe ins Futter, wenn es Ihr Welpe verträgt. Nach jedem »Wald- und Wiesenkontakt« muss der Hund gebürstet, abgerubbelt und nach Zecken abgesucht werden. Mit einer Zeckenzange wird die Zecke kurz oberhalb der Haut erfasst und herausgedreht. Unterlassen Sie das Betupfen der Zecke mit Öl, Benzin oder Klebstoff. Die Zecke erbricht sonst, und die Gefahr der Übertragung von Krankheitserregern erhöht sich.

Läuse Sie sind bei gepflegten Haushunden selten, sondern kommen hauptsächlich bei herrenlosen Straßenhunden vor. Läuse verursachen beim Hund

DIE HÄUFIGSTEN ERKRANKUNGEN

Anzeichen	hinzu kommende Symptome	eventuelle Erkrankungen
Frisst nicht	Durchfall, Erbrechen, Fieber, Apathie, Durst	Virus-Infektion, Gebärmutterentzündung, Fremdkörper im Darm
Trinkt nicht	starkes Speicheln, Husten, Würgen, grundloses Schlucken	Fremdkörper im Schlund, Schlundlähmung
Trinkt viel	Erbrechen, Untertemperatur, taumeln, Apathie	Nierenschaden (mit Urämie), Diabetes, Gebärmuttervereiterung
Erbrechen	blutiger Schleim, Fieber, kein Kotabsatz, verspannter Bauch	Gastritis, Fremdkörper im Magen, Leber- oder Nierenerkrankung
Pressen ohne Kot- oder Urinabsatz	blutiger Schleim, Blut aus After und Urin	Knochenkotverstopfung, Harnröhren- oder Blasensteine
Durchfall	Blut im Kot, Erbrechen, Austrocknen	Wurmbefall, Magen-Darm-Infektion, Vergiftung, Leber- und Bauchspeicheldrüsenerkrankung
Husten	trockener Husten mit Schleimwürgen, auch Reizhusten mit Blut-Schleim	Mandel-, Rachen- oder Kehlkopfentzündung (Zwingerhusten)
Mundgeruch	Speicheln, übermäßiges Trinken, urinöser, fauliger Mundgeruch	Zahnstein, Paradontose, eitriger Zahn, Gastritis, Nierenerkrankung
Schiefhalten oder Schütteln des Kopfes	Ohrgeruch, Schmerzen beim Kratzen	Fremdkörper im Ohr, zu viel Ohrenschmalz, Ohrmilben, Entzündung
Juckreiz	Pusteln, Haarausfall, Hautrötung, Schwellung	Ekzeme, Parasitenbefall (Flöhe, Zecken), Allergie, Tumor
Lecken der Analgegend	Rutschen auf dem Hinterteil (»Schlittenfahren«)	Analdrüsenverstopfung, Wurmbefall
Hinken	Lahmheit und Schwellungen, Laufen auf drei Beinen	Verstauchung, Gelenk- oder Muskelverletzung oder -erkrankung
Tränende Augen	eitriger Ausfluss, entzündete Bindehäute	Entzündung, Infektion, Fremdkörper im Auge, erbliche Augenerkrankung

Unruhe, Juckreiz, Hautverletzungen, feucht-schmierige Hautveränderungen, Krustenbildung und Haarausfall. Läuse sind im Gegensatz zum Floh mit ihrem Nachwuchs auf den Hund angewiesen. Sie halten sich vorzugsweise an der Oberlippe, am Ohrgrund und am Hals des Vierbeiners auf. Ihre Eier (Nissen), werden an die Fellhaare geklebt. Die beste Vorbeugung gegen Läuse ist eine regelmäßige Fellpflege. Bekämpft werden Läuse mit Puder oder speziellen Bädern (aus dem Zoofachhandel).

Haarbalgmilben (Demotexmilben) sind eigentlich natürliche Bewohner von Haarbälgen und Talgdrüsen. Erst eine massive Zunahme der Parasiten durch einen Defekt des Abwehrsystems beim Hund führt zu Krankheitserscheinungen. Diese zeigen sich durch haarlose, gerötete Stellen an Oberlippe, Augenlidern, Nasenrücken, Stirn oder Ohren, Vorderbeinen oder an den Zwischenzehenhäuten durch Schuppung, aber geringem Juckreiz. Es erkranken vorrangig Junghunde und Tiere mit geschwächtem Abwehrsystem. Die Übertragung der Parasiten erfolgt bereits durch die Mutter beim engen Aneinanderkuscheln und Saugen an ihren Zitzen. Wenn ältere Hunde erkranken, waren sie bereits als Welpen infiziert. Der Erreger wird mit speziellen Bädern, Lösungen und/oder Injektion (Tierarzt) und der Kräftigung des Abwehrsystems bekämpft.

Ohrmilben Die Übertragung ist durch den Kontakt von Hund zu Hund, auch von Katze auf Hund möglich. Die Milben befallen den äußeren Gehörgang und die innere Ohrmuschel. Die Hunde leiden an massivem Juck- und Kratzreiz, Kopfschütteln, Reiben der Ohrmuschel auf dem Boden, verstärkte Ohrenschmalzbildung, Gehörgangsentzündungen mit schwarzbräunlichem sandigen oder bröckeligen Sekret. In schweren Fällen kommt es zum Durchbruch des Trommelfells, Mittelohrentzündung und Taubheit. Beugen Sie durch regelmäßige Ohrenkontrollen vor (→ Seite 78). Eine Behandlung mit Milben abtötenden Präparaten sollte nur vom Tierarzt vorgenommen werden.

> Sorgen Sie dafür, dass Ihr Hund **frei von Parasiten** bleibt. Ein Befall muss bekämpft werden.

Innere Parasiten

Spulwürmer Sie sind wohl die häufigste Wurmart, und alle Welpen gelten als befallen (→ Seite 82). Spulwürmer sind weiß, haben einen runden Körperquerschnitt und sehen aus wie Spaghetti.

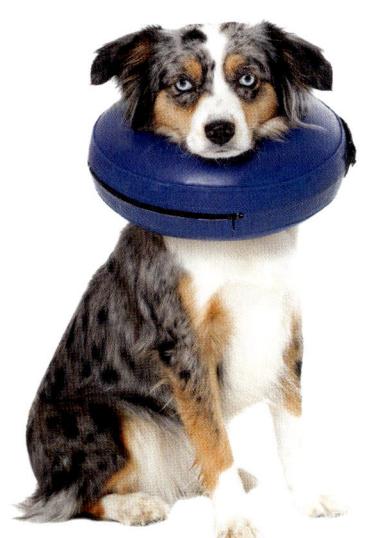

Dieser aufblasbare, weiche Halskragen verhindert das Belecken von Wunden und Ekzemen.

Bei Saugwelpen können durch Larvenwanderung im ganzen Körper Lungenschäden und Lungenentzündung hervorgerufen werden. Solche Welpen haben Husten, Nasenausfluss und erbrechen sich. Ihr Bauch ist aufgebläht und druckempfindlich (Wurmbauch). Der Kot ist ungeformt und schleimig. Sie magern ab, haben keinen Appetit und sind blutarm. Es kann zu einem Darm-

tionsfähige Entwicklungsstadien beherbergen. Bandwürmer verursachen selten Gesundheitsstörungen. Manchmal zeigt der Hund wechselnden Appetit oder Durchfall. Bandwurmglieder werden mit dem Kot ausgeschieden. Eingetrocknete Bandwurmglieder sind als reiskornähnliche Gebilde im Fell der Hinterbeine des Hundes, am Schwanz oder auf seinem Lager erkennbar. Eine konsequente Flohbekämpfung beugt dem Wurmbefall vor. Behandlung am besten durch den Tierarzt.

WUSSTEN SIE SCHON, DASS …

… der Tierarztbesuch keinen Aufschub duldet?

Bei folgenden Symptomen ist schnelles Handeln erforderlich: Anhaltendes oder blutiges Erbrechen oder Atemnot (eventuelle Magendrehung). Blut im Urin oder Kot (schwere Erkrankung oder innere Verletzungen). Deutlich verändertes Verhalten beim Urinieren (Nierenversagen, eine Infektion oder eine Vergiftung). Verwirrung, Taumeln oder Kollaps (Herz- oder Hirnprobleme, zu hoher Blutdruck oder Vergiftung).

verschluss durch Wurmknäuel kommen. Dem Wurmbefall vorgebeugt wird durch eine planmäßige Entwurmung der Mutterhündin und ihrer Welpen (→ Seite 81 und 82). Außerdem wichtig sind regelmäßige Kotuntersuchungen beim erwachsenen Hund, die Beseitigung des Kots und eine gründliche Hygiene. Besprechen Sie das Thema Entwurmen am besten mit Ihrem Tierarzt.
Bandwurm (Kürbiskernbandwurm, *Dipylideum caninum*) Er tritt am häufigsten beim Hund auf. Der Bandwurm wird durch Flöhe übertragen, die infek-

Exotische Parasiten

Babesiose (Piroplasmose) ist ein Blutparasit, der durch einen Zeckenstich übertragen wird. Der Parasit wurde durch »Hundetourismus« in den Mittelmeergebieten bei uns eingeschleppt. Symptome: Der Hund ist matt und schwach, er hat keinen Appetit, hohes Fieber, blasse Schleimhäute infolge Blutarmut, gelbe Schleimhäute und grünbraunen Urin durch Zerstörung der roten Blutkörperchen. Er magert ab und atmet angestrengt. Durch Nierenversagen hat Babesiose oft einen tödlichen Ausgang für den Vierbeiner. Vorbeugend sollten Sie Ihren Hund nicht in den Urlaub in Mittelmeergebiete mitnehmen, denn leider sind unsere Hunde hochempfänglich für den Erreger. Ein Impfstoff ist bisher in Deutschland noch nicht zugelassen. Der Tierarzt wird den Erreger mit Medikamenten bekämpfen und eventuell Bluttransfusionen veranlassen, denn der Erreger zerstört die roten Blutkörperchen.

Leishmaniose Diese Infektion wird durch blutsaugende Schmetterlingsmücken übertragen. Die Krankheit bricht oft erst Monate oder Jahre nach dem Insektenstich beim Hund aus. Der Parasit wurde aus dem Mittelmeerraum (Portugal) und aus Teilen der Schweiz eingeschleppt. Infizierte Hunde leiden an Haut- und Haarkleidveränderungen, einschließlich Haarlosigkeit, asbestartigen Schuppen, geschwürartigen Hautentzündungen, spröden und brüchigen Krallen, Lymphdrüsenschwellung, wechselnden Fieberschüben, Gewichtsverlust, wechselndem Appetit, Nasenbluten, Blutarmut, Augenentzündungen, Nierenfunktionsstörungen, Lähmungen, Schmerzen beim Betasten des Bauches infolge Leber- und Milzvergrößerung. Leishmaniose endet oft tödlich. Vorbeugend sollten Sie Ihren Hund nicht in die Risikogebiete mitnehmen. Die Behandlung durch den Tierarzt ist langwierig und teilweise erfolglos. Es gibt Medikamente mit zahlreichen Nebenwirkungen.

Herzwurmkrankheit (Dirofilariose) Die Ansteckung erfolgt durch Stechmücken. Die exotische Wurmart lebt als Parasit im Herzen und in den großen Lungengefäßen des Hundes. Sie wurde aus feuchtwarmen Gegenden Südeuropas und Amerikas über »Hundetourismus« eingeschleppt. Vorbeugend gibt es Medikamente. Eine Behandlung mit Medikamenten ist möglich, in Ausnahmefällen müssen Wurmknäuel chirurgisch aus Blutgefäßen entfernt werden.

Medikamente eingeben

▶ **1** **Flüssige Medizin** Sie wird mit einer Einwegspritze (ohne Nadel) seitlich ins Maul des Hundes gespritzt. Wichtig: Kopf des Welpen leicht anheben, damit die Medizin nicht herausläuft.

▶ **2** **Tablette** Sie wird ganz hinten auf die Zungenwurzel des Welpen gelegt. Den Fang mit der Hand geschlossen gehalten, bis der Hund schluckt. Unbedingt Wasser nachtrinken lassen.

Kastration oder Hormonbehandlung?

Hündinnen werden zweimal im Jahr läufig (→ Seite 51). Wer nicht züchten will oder die Hündin in einen gemischten Mehrhundehaushalt eingliedern möchte, muss sich Gedanken darüber machen, wie er eine Trächtigkeit der Hündin verhindern kann. Außerdem leiden viele Hündinnen, die keinen Sexualpartner zur Verfügung haben, unter einer Scheinschwangerschaft. Es kann zu Gebärmuttervereiterungen, Erkran-

Ein guter Impfschutz Ihres Welpen verhindert, dass er sich bei erkrankten Tieren ansteckt.

kungen der Eierstöcke und der Bildung von Gesäugetumoren kommen. Zur Lösung dieser Probleme gibt es zwei Möglichkeiten: Sie lassen Ihre Hündin kastrieren oder die Läufigkeit wird durch Hormongaben unterdrückt.

Kastration Eine Kastration ist in unserem Land nur aus medizinischen Gründen erlaubt. Bei der Kastration werden die Eierstöcke und die Gebärmutter vollständig entfernt. Empfohlen wird eine Kastration nach der ersten »Hitze« der Hündin, die je nach Rasse, frühestens ab dem 7. Lebensmonat eintritt. Besprechen Sie den Kastrationstermin am besten mit Ihrem Tierarzt. Je früher die Kastration stattfindet, umso größer ist die Schutzwirkung für den Körper. Es gibt aber auch Nebenwirkungen der Kastration. Natürlich will ich an dieser Stelle nicht verschweigen, dass es – wie bei jeder anderen Operation – ein gewisses Narkoserisiko gibt. Gelegentlich kann auch die Wundheilung verzögert werden, weil die Hündin die Wunde abschleckt. Doch mit einem desinfizierenden Wundspray und einem T-Shirt, das den Wundbereich abdeckt, bekommt man die Sache schnell in den Griff. Nach zehn Tagen werden in der Regel die Fäden gezogen, und die Operation ist überstanden. Das bisweilen auftretende Harnträufeln betrifft vorrangig schwergewichtige Hündinnen großer Rassen. Mit geeigneten Medikamenten lässt sich das Problem jedoch schnell lösen. Bei langhaarigen Hunderassen kommt es gelegentlich zu einer Vermehrung der Wollhaare. Das Fell wird weicher und flauschiger und ähnelt dem Welpenfell. Dass kastrierte Hündinnen dicker werden, liegt nicht an der Kastration, sondern den Besitzern. Kontrollierte Fütterung und ausreichende Bewegung und

MEIN HEIMTIER

Geht es Ihrem Welpen gut?

Wenn sich ein Welpe nicht wohlfühlt, zeigt er es sofort an seinem Verhalten. Beobachten Sie Ihr Hundekind genau und testen Sie, ob es sich in seiner Haut wohlfühlt. Achten Sie besonders auf die nachfolgend beschriebenen positiven Verhaltensweisen.

Der Test beginnt:

○ Der Welpe bewegt sich frei und unbefangen im Wohnbereich
○ Er frisst mit gutem Appetit
○ Das Hundekind schläft ruhig und vertrauensvoll
○ Der Kleine reagiert nicht nervös und schreckhaft
○ Er ist spielfreudig und nimmt Anteil an seiner Umwelt

Mein Testergebnis:

Beschäftigung lassen das Problem gar nicht erst aufkommen.

Alle meine Hündinnen waren und sind kastriert, und ich habe keinerlei schlechte Erfahrungen gemacht. Unkastrierte Hündinnen kommen während der zweimaligen »Hitze« im Jahr in einen enormen sexuellen Stress, den sie ja nicht durch eine Paarung abreagieren können. Viele Hündinnen reagieren während dieser Zeit verwirrt und im Wesen verändert. Diese Qual können Sie Ihrer Hündin durch die Kastration ersparen. Für die Kastration eines Rüden gibt es aus medizinischer Sicht kaum einen Grund. Lediglich, wenn er beispielsweise ein übersteigertes Sexualverhalten zeigt oder eine Disposition für Hodentumore hat, kann die Kastration helfen.

Hormonbehandlung Die Wirkung einer regelmäßigen hormonellen Behandlung der Hündin ist von der Genauigkeit der Durchführung abhängig. Der Hormoneinsatz darf nur in der Phase der absoluten Zyklusruhe erfolgen, das heißt, frühestens drei Monate nach Ende der letzten und spätestens einen Monat vor Beginn der Läufigkeit. Haltern einer Hündin mit unregelmäßigem Zyklus ist es nicht möglich, den genauen Zeitpunkt festzustellen. Erst ein Scheidenabstrich durch einen Tierarzt bringt Klarheit. Es kommt aber immer wieder vor, dass die Hündin trotz korrekter Behandlung läufig wird. Dann kann es zur Bildung von Eierstockzysten, Gebärmuttervereiterungen und der Entstehung von Gesäugetumoren kommen.

Erziehen und beschäftigen

Eine gute Erziehung gibt Ihrem Hund nicht nur Sicherheit, sondern auch Freiheit, denn Sie können ihn problemlos fast überall hin mitnehmen. Die artgerechte Beschäftigung fördert seine Intelligenz.

Früherziehung – vom ersten Tag an

Damit es im Mensch-Hund-Team von Anfang an klappt, ist eine liebevolle, konsequente Erziehung des Vierbeiners unumgänglich. Nehmen Sie sich Zeit, und haben Sie Geduld.

ALS ICH VOR ÜBER 30 JAHREN voll freudiger Erwartung mit meinem Colliewelpen »Tasso« zu einem Hundeverein ging, damit wir beide etwas lernen, bekam ich den Rat, wieder nach Hause zu gehen und zu warten, bis der Hund ein Jahr alt ist. Glücklicherweise konnte ich mich dank Eberhard Trummler, der zu damaliger Zeit als erster Verhaltensforscher verständliche Bücher über das Verhalten von Hunden schrieb, selbst orientieren. Leider sind sich auch heute noch sehr viele Hundehalter nicht im Klaren darüber, wann sie mit der Erziehung des Hundes beginnen sollten.

Die ersten Lebenswochen

Sobald der Hund geboren ist, sorgt das Leben selbst für die ersten Lernvorgänge. Der Welpe lernt instinktiv, Mamas Milchquelle zu finden, und bis zu seiner Abgabe bringt ihm seine Mutter unter anderem die ersten Benimm-Regeln zum Beispiel gegenüber höherrangigen Artgenossen bei. Sie setzt ihm auch erste Grenzen bei zu grobem Umgang mit ihr oder seinen Geschwistern (→ Foto, rechts). Ein guter Züchter vermittelt dem Welpen außerdem während der ersten Prägungsphase viele Umweltein

drücke (→ Seite 8). Ab der Übernahme des Welpen sind Sie für den Welpen und seine Entwicklung verantwortlich und müssen nahtlos an die Erziehung seiner Mutter und an das, was er beim Züchter gelernt hat, anknüpfen. Wenn Sie nämlich mit der Erziehung Ihres Hundes warten, bis er Ihnen »auf der Nase herumtanzt«, dann ist es zu spät.
In der kurzen Zeitspanne von der 4. bis zur 16. Lebenswoche durchlebt der Welpe die Prägungs-, Sozialisierungs- und Rangordnungsphase. Alles, was er jetzt lernt, aber auch versäumt, formt sein Wesen. Versäumtes kann nicht mehr nachgeholt werden.

Die Mutter weist ▶ ihr Kind mit dem »Überschnauzenbiss« in seine Grenzen.

Eine Frage der richtigen Leine

1 **3-Meter-Leine** Sie eignet sich am besten zum »Gassigehen« und für den kleinen Spaziergang in verkehrsreichen Gebieten.

2 **10-Meter-Leine** Mit dieser Leine, die man auch als Schleppleine verwenden kann, ist der Welpe in freiem Gelände abgesichert und lernt zu gehorchen.

3 **2-Meter-Doppelleine** Diese Leine kann auf einen Meter verkürzt werden. Sie ist die ideale Leine für die Ausbildung Ihres Welpen.

Mit Herz und Verstand erziehen

Die Erziehung des Hundes dauert ein Leben lang, weil sie sich am Zusammenleben mit dem Menschen orientieren muss. Doch besonders das erste Erziehungsjahr Ihres heranwachsenden Welpen bedeutet für Sie Arbeit und Verantwortung. Was Sie dazu unbedingt aufwenden müssen, ist Zeit und Aufmerksamkeit. Es ist Ihre Pflicht, dem Welpen in allen Situationen zu zeigen, was ihm erlaubt ist und was nicht.

Persönlichkeit Bei einer angemessenen und artgerechten Hundeerziehung dürfen Sie aber nie vergessen, dass Ihr Welpe ein Lebewesen ist, dem Sie mit Respekt begegnen und auf dessen eigenständige Persönlichkeit Sie eingehen sollten. Bedenken Sie, dass Sie den Welpen, wenn Sie ihn zu sich nach Hause holen, aus seinem gewohnten Familienverband nehmen. Er leidet zunächst noch unter dem Trennungsschock und ist »orientierungslos«.

Zwar ist die Erziehung des Welpen in Ihrem Sinne von Anfang an wichtig, doch sie sollte nicht einen »Befehlsempfänger« zum Ziel haben, sondern einen Partner, dem es Spaß macht, mit seinen menschlichen Rudelmitgliedern im Einklang zu leben. Ihre Aufgabe ist es, die soziale Intelligenz Ihres Hundes zu fördern und erziehungsmäßig auszubauen.

Erfolgserlebnisse Geben Sie Ihrem Welpen einen stabilen Halt, indem Sie souverän und konsequent eine eindeutige, knappe Sprache mit ihm sprechen (→ Kapitel 7). Ihre Erziehung muss Neugierde bei Ihrem Hundekind wecken, aufregende Herausforderungen und motivierende Erfolgserlebnisse beinhalten. Und das geht am besten in der alltäglichen Praxis.

Hundeschule Es ist falsch zu glauben, dass der Hund bei einem »Erziehungskurs« in der Hundeschule, der einmal wöchentlich stattfindet, alles Notwendige lernt. Dennoch ist es empfehlenswert solch einen Kurs zu besuchen. Aber nicht der Hund, sondern vor allem Sie,

als Hundebesitzer, müssen sich in solchen Kursen das nötige Wissen aneignen, um es für die richtige Erziehung in der Praxis anzuwenden. Viele Hundehalter tun aber leider außerhalb der Hundeschule nichts mit Ihrem Vierbeiner. Doch Erziehung muss sich über den gesamten Tagesablauf erstrecken und alle Dinge, die einen gut erzogenen Hund ausmachen, lernt er am einfachsten in Situationen, die gerade an der Tagesordnung sind.

Unter Aufsicht Gleich, wo Sie sich gerade mit Ihrem Welpen befinden und was Sie mit ihm unternehmen, alle seine Aktionen fordern Ihre konsequenten positiven oder negativen Reaktionen oder Sie ignorieren unerwünschtes Verhalten einfach.

Das Gehirn des Hundes macht keine Lernpausen. Er unterscheidet auch nicht zwischen Freizeit und Arbeit. Können Sie den Welpen zwischendurch nicht beaufsichtigen, dann bringen Sie ihn während dieser Zeit in seiner Hundebox unter (→ Seite, 43). Wichtig ist, dass er

nicht unbeaufsichtigt Dinge tun kann, die unerwünscht sind (wie Möbel annagen, Schuhe zerbeißen, in die Wohnung pinkeln usw.). Vorübergehende Unterbringung des Welpen in der Hundebox ist gleichzeitig eine Vorübung für das »Allein bleiben«. Beschäftigen Sie ihn vorher ausgiebig, dann wird er die Zeit in der Box zum Schlafen nutzen. Welpen brauchen – wie Kleinkinder – noch sehr viel Ruhe.

> **TIPP**
>
> ### Leckerchen richtig halten
>
> Futterbelohnungen können Sie richtig und falsch halten. Richtig ist: Mit dem Daumen drücken Sie das Leckerchen an die Innenhand. Die restlichen Finger werden zur Faust darüber geschlossen. Das Belohnungshäppchen erreicht der Hund erst dann, wenn er mit der Nase Ihren Daumen kräftig zur Seite schiebt.

Bei der Erziehung des Welpen ist es wichtig, stets **gleiche Wortsignale** zu verwenden. Verschiedene Anweisungen für die gleiche Sache verwirren den Hund.

Wie der Hund lernt

Der Vierbeiner nimmt Informationen aus seiner Umwelt auf, speichert sie in seinem Gedächtnis und zeigt die entsprechende Information auf einen bestimmten Reiz hin als Verhaltensweise. **Operante Konditionierung** Beispiel: Der Welpe kommt auf das Reizwort (Hörzeichen) »Hier!« zu seinem Mensch und bekommt dafür eine Belohnung. Er macht erfolgreiche/angenehme oder erfolglose/unangenehme Erfahrungen. Er wird also auch, wie wir Menschen, aus Erfahrung klug. Wenn wir dieses Prinzip bei seiner Erziehung geschickt anwenden, dann wird das Hundekind in Zukunft immer das gern wiederholen, was es als angenehm emp-

Als Belohnung für erwünschtes Verhalten bekommt der Welpe sein Lieblingsspielzeug.

funden hat und Dinge unterlassen, die es als unangenehm erlebt hat (wie etwa »Nein!« oder Erschrecken durch das Schütteln einer Dose mit klapperndem Inhalt. Dieses Lernprinzip nennt man »operante Konditionierung«.
Klassische Konditionierung Hier löst bereits ein neutraler Reiz eine Verhaltensweise aus. Beispiel: Sie legen Halsband und Leine bereit. Der Hund freut sich unbändig auf den bevorstehenden Spaziergang. Er hat durch genaues Beobachten und Verknüpfen verschiedener, gleichbleibender Handlungen seines Menschen gelernt, dass nun der begehrte Ausflug stattfindet.
Fördermaßnahmen Die frühe Konfrontation, innerhalb der ersten 16 Wochen, mit neuen Geräuschen, Gerüchen, Menschen, anderen Tierarten und technischen Geräten fördert die Gehirnentwicklung des Welpen. Spielerische leichte Übungen, die von ihm als lohnend empfunden werden, erhöhen seine angeborene Lust am Lernen. Zu keiner späteren Zeit wird Ihr Hund so lernfähig und lernfreudig sein wie jetzt. Der Welpe sucht nun auch eine Leitfigur, die er anerkennen und deren »wohlwollender« Autorität er sich bedingungslos unterordnen kann.
Bei allen seinen Aktionen registriert das Hundekind genau, wie wir auf sein Verhalten reagieren. Wenn wir nach seiner Meinung durch Inkonsequenz, Unbeherrschtheit oder durch unklare Befehle versagen, kann es uns nicht als »Rudelführer« anerkennen (→ Seite 33).

Vertrauen schaffen Bindung und Vertrauen ist die Grundlage für das problemlose Einordnen des Welpen in das Mensch-Hunde-Team. Klare Regeln machen den Menschen für den Welpen berechenbar, geben ihm Sicherheit und stärken sein Vertrauen. Ein Hund vertraut dem Menschen nur, wenn er sicher ist, dass ihm in seinem Umfeld nichts passiert. Ein Welpe mit vollem Vertrauen zu Ihnen, als Halter, wird ebenfalls in seinen Reaktionen und in seinem Verhalten immer berechenbarer.

viele Hundehalter gar nicht von ihren Vierbeinern beachtet und Erziehungsversuche verpuffen im Nichts.

Motivation wecken Zwischen Mensch und Hund muss ein »Zwiegespräch« stattfinden und dazu ist es nötig, dass sich der Hund auf uns konzentriert und uns so sein »Wollen« zeigt. Dazu muss schon der Welpe jederzeit motivierbar sein. Eine Vielzahl von Faktoren bewir-

WUSSTEN SIE SCHON, DASS …

… sich der Hund uns meist gern unterordnet?

Hunde sind anpassungsfähig und ordnen sich schon allein deshalb konsequenten Menschen unter. Außerdem sind sie Egoisten. Das Befolgen von Befehlen hängt bei ihnen nicht selten davon ab, ob es einen Gewinn bringt. In solch einem Fall ist es dem Hund gleich, ob der befehlende Mensch ranghöher ist. Der Mensch ist für ihn eher eine Art »Oberhund« mit dem er »angepasst« nach den Regeln einer sozialen Grundordnung zusammenlebt.

Die Bindung zum Menschen entsteht durch regelmäßige Körperkontakte, Füttern, Pflegemaßnahmen und gemeinsame Unternehmungen in freier Natur. Je interessanter Sie die verschiedenen Beschäftigungen mit Ihrem Welpen gestalten, umso stärker entwickelt sich seine Bindung zu Ihnen. Er wird Sie dann kaum mehr aus den Augen lassen, und es wird leicht sein, seine Aufmerksamkeit bei der Erziehung zu wecken. Hat der Hund nur eine schwache Bindung zu seinem Mensch, ist für ihn fast alles andere wichtiger. Dann werden

ken dies. Das sind zum einen die äußeren Reize wie Leckerli, ein ausgelassenes Spiel mit Ihnen oder Ihr aufmunternder Tonfall dem Hund gegenüber, zum anderen spielen die inneren Reize, wie etwa die Neugierde des Welpen, ein Rolle. Dementsprechend unterscheidet man zwischen Eigenmotivation, die auf inneren Reizen basiert und Fremdmotivation, die von den äußeren Reizen gesteuert wird. Die wichtigsten Voraussetzungen dafür, dass Sie Ihren Hund motivieren können, ist jedoch die Erfüllung seiner Grundbedürfnisse, wie etwa ausreichend Nahrung, genügend Trinkwasser, ungestörtes Schlafen, sein Sicherheitsbedürfnis (üben in bekannter Umgebung) und, dass die Sozialstrukturen im Mensch-Hund-Team eindeutig geklärt sind.

Aufmerksamkeit erzielen

Ein praktisches Beispiel dafür, wie ich die Konzentration des Welpen auf mich lenke: Meine Schlüsselworte lauten: »Schau, schau«, damit motiviere ich den Welpen, den Blickkontakt mit mir zu suchen, denn die folgende Übung verspricht eine leckere Futterbelohnung. **Schritt 1** Bieten Sie dem vor Ihnen sitzenden hungrigen Welpen sein Lieblingsleckerchen an. Im gleichen Augenblick (nicht vorher und nicht nachher!),

während er gierig das Leckerchen annimmt, sagen Sie sehr schnell hintereinander »Schau, schau«. Diesen Vorgang wiederholen sie mindestens fünfmal. **Schritt 2** Dann warten Sie ab, bis sich ihr Hund für etwas anderes in Ihrer Nähe interessiert. Sagen Sie nun im gleichen Tonfall wieder mehrmals »Schau, schau«. Reagiert der Welpe schnell darauf und nimmt interessiert den Blickkontakt mit Ihnen auf, bekommt er sein Leckerchen.
Hinweis Die Konditionierung findet am besten in einem Raum ohne Ablenkung statt. Die Motivation durch Futter auszulösen, sollte aber mit der Zeit durch Eigenmotivation des Hundes abgelöst werden. Diese wird gefördert, wenn das Lernen immer mit einem Erfolg für den

▲
1 **Die Übung »Hier!«** Begeben Sie sich in die Hocke, also auf die Ebene des Welpen. Motivieren Sie ihn nun mit ausgebreiteten Armen und aufmunterndem, lockendem Tonfall zum Kommen.

2 **»Hier bin ich!«** Ihr Welpe ist freudig in Ihre Arme geeilt? Super! Nachdem er sich jetzt ganz nach Ihrem Wunsch verhalten und sich auch noch brav hingesetzt hat, erwartet er natürlich eine Belohnung.

▼

Aufmerksam wartet der Welpe ▶
auf die Signale seines Frauchens.

Welpen endet. Das Erfolgserlebnis kommt einer Eigenbelohnung gleich und ersetzt später das Leckerchen. Rein über Futter, also Fremdmotivation, erzogene Hunde erwarten mit der Zeit mehr und mehr Belohnung. Ihre Motivation schwächt sich zusehends ab.

Der Grundgehorsam

Er ist die Basis einer guten Erziehung, die sich später in allen Lebenslagen beweisen muss. Der Grundgehorsam des Welpen kommt zunächst mit den vier wichtigsten Begriffen seines Lebens aus, die er jedoch perfekt beherrschen sollte: »Hier!«, »Sitz!«, »Platz!« und »Nein!«. Für jeden Familienhund sind diese vier Schlüsselwörter der Grundstock eines sicheren und ausgeglichenen Hundelebens. Etwa ab dem vierten bis fünften Lebensmonat ist der Welpe in der Lage, sich auf ein Traininig dieser Grundübungen zu konzentrieren. Das Hundekind muss die Wortsignale lernen und sie nach regelmäßigen Wiederholungen mit bestimmten Handlungen verbinden. Jedes Mal, wenn der Welpe ein bestimmtes Signal hört, wird er genau die Handlung ausführen, die er damit verknüpft hat. Benutzen Sie immer gleiche Hörzeichen für gleiche Vorgänge! Kein Hund kommt zuverlässig, wenn Sie (oder andere Familienmitglieder!) einmal »Komm!«, dann »Hier!« oder »Gehst du her!« sagen. So kann er Hörzeichen und Handlung nicht miteinander verknüpfen. Darüber hinaus lernt jeder Hund im Laufe seines Lebens durch Beobachtung seiner Menschen noch eine Fülle bestimmter Schlüsselreize (etwa »Gassi«, Namen seiner Hundefreunde etc.), die ihn positiv erregen oder aus denen er Nutzen ziehen kann. Dazu gehören auch Geräusche wie das Rascheln beim Öffnen einer Schokoladenpackung oder das Autogeräusch vom Herrchen.

Grundübungen

Beim Lernen der Grundübungen muss der Welpe angeleint sein, damit er bei Ablenkungen nicht weglaufen kann. Benützen Sie dazu die dünne 3-m-Welpenleine (→ Foto, Seite, 94). Die Abrufübung mit dem frei laufenden Welpen darf nur auf einem Gelände geübt werden, wo keinerlei Verkehrsgefahren bestehen. Dazu verwenden Sie die 10-m-Feldleine (→ Foto, Seite, 94).

Wie stark ist die Bindung Ihres Welpen zu Ihnen?

MEIN HEIMTIER

Von Zeit zu Zeit schadet es nicht, die Bindung des Welpen auf die Probe zu stellen. Eine Person, die dem Welpen vertraut ist, hält ihn fest und Sie verstecken sich hinter einem Baum, Strauch, Zaun, Maisfeld oder einer Hausecke, während der Hund zuschaut.

Der Test beginnt:

○ Erster Schritt: Wenn Sie Ihren Welpen von Ihrem Versteck aus rufen, lässt ihn Ihre Partnerin oder Ihr Partner frei, damit er sich auf die Suche nach Ihnen begeben kann.
○ Zweiter Schritt: Gleicher Vorgang, aber diesmal rufen Sie Ihren Welpen nicht.
○ Dritter Schritt: Die Verstecke werden immer schwieriger. Dabei sind Ihrer Fantasie keine Grenzen gesetzt. Je schneller der Hund Sie erreichen möchte, umso stärker ist die Bindung.

Mein Testergebnis:

Die Übung »Hier!«

Schritt 1 Bewegt sich das Hundekind zufällig freudig in Ihre Richtung, weil es Kontakt zu Ihnen aufnehmen will, gehen Sie schnell in die Hocke, breiten die Arme zum Empfang aus und motivieren es mit wiederholtem freundlichen »Hier!«, zu Ihnen zu kommen.
Schritt 2 Hat Sie der Welpe erreicht, wird er mit beiden Händen liebevoll vom Kopf aus, den Körper abwärts gestreichelt und wortreich gelobt.
Schritt 3 Den Abschluss bildet ein besonderes Leckerchen als Belohnung.
Schritt 4 In der Folgezeit versuchen Sie ihn auch im freien Gelände (mit 10-m-Leine) aus der Hocke heraus, bei seinem Namen zu rufen und ihn mit dem bekannten »Schau, schau« zum Kommen zu motivieren (→ Seite 98). In dem Moment, wenn er freudig Ihre Richtung einschlägt, rufen Sie sofort zwei- oder dreimal das aufmunternde »Hier!« und schließen die Übung wie in Schritt 3 beschrieben ab. Wenn der Welpe trotz aller Motivation zögernd oder gar nicht kommt, laufen Sie schnell von ihm weg. Er hat Angst, Sie zu verlieren und versucht, Sie zu erreichen. Wenn er hinter Ihnen her läuft, wenden Sie sich ihm zu, gehen in die Hocke und verfahren weiter wie in Schritt 1 bis 3 beschrieben.

Die Übung »Sitz!«

Während der gesamten Übung ist der Welpe locker angeleint.
Schritt 1 Der Welpe steht vor oder seitlich von Ihnen. Nun wird das Lecker-

chen von der Nase des Kleinen über seinen Kopf geführt. Obwohl er gierig versucht, an den begehrten Happen zu kommen, erhält er ihn erst, wenn er seine unbequeme Körperstellung in die Sitzposition verändert.

Schritt 2 Während! er sich hinsetzt, sagen Sie das Hörzeichen »Sitz!« und geben ihm das Leckerchen, sobald er mit dem Hinterteil den Boden berührt.

Schritt 3 Er muss sitzen bleiben, solange Sie ihn loben und vom Kopf über den Rücken streicheln. Nach einigen Sekunden geben Sie ihn mit »Lauf!« oder »ok!« wieder frei.

Die Übung »Platz!«

Für diese Übung muss Ihr Welpe das »Sitz!« beherrschen.

Schritt 1 Auf das Hörzeichen »Sitz!« setzt sich der Kleine.

Schritt 2 Legen Sie eine Hand leicht auf sein Hinterteil, damit er während der Übung nicht aufstehen kann. Mit der anderen Hand senken Sie einen Leckerbissen vor seiner Nase auf den Boden und ziehen ihn nach vorne weg, so dass er sich legen muss, um ihn zu erreichen.

Schritt 3 Sobald er mit dem Bauch den Boden erreicht, sagen Sie »Platz!«, und er bekommt sein Leckerchen. Loben Sie ihn ausgiebig und streicheln Sie ihn mit der Hand, die ihn am Aufstehen gehindert hat, zärtlich am Kopf und seinem Rücken entlang.

Die Übung »Nein!«

Das scharfe »Nein!« soll den Welpen veranlassen, ein schon begonnenes Verhalten sofort abzubrechen, zum Beispiel, wenn er während des Spaziergangs unappetitliche Dinge aufnimmt.

Schritt 1 Hat er etwas aufgenommen, das Sie nicht möchten, gehen Sie ruhig

zu ihm hin, fassen ihn am Halsband und sagen nachdrücklich »Nein!«, ohne zu brüllen. Rucken sie korrigierend, aber nicht zu stark, am Halsband.

Schritt 2 Sobald er den Gegenstand fallen lässt, loben Sie ihn ausgiebig und geben ihm ein Leckerchen oder im Austausch sein Lieblingsspielzeug.

Hinweis Bleiben Sie beherrscht, denn wenn Sie schreien und zum Welpen hinstürmen, erreichen Sie nur, dass er versucht, mit seiner Beute zu fliehen, um sie in Sicherheit zu bringen. Schnell macht er ein lustiges Fangspiel daraus.

»Sitz!« lernt der Welpe leicht, denn schon als ganz kleiner »Stups« bettelt er im Sitzen bei Mama um Futter.
▼

Welpen-Förderkurs

Spielend lernen heißt es für aufgeweckte Hundekinder. Dazu können Sie einiges beitragen, wenn Sie sich ausgiebig mit Ihrem Welpen beschäftigen und ihm interessante Spielangebote machen. Das Ergebnis: Ein kluger, ausgeglichener Familienhund.

SPIELEN ist ein natürliches Bedürfnis des Hundes. Schon Welpen nutzen ihre Geschwister und die Mutter als Spielpartner. Hauptsächlich geht es um Jagd-, Kampf- und Verteidigungsspiele – ohne ernsthaften Hintergrund. Hierbei messen die Welpen ihre Kräfte. Die intensiven Rangeleien tragen zur Kräftigung ihres Körpers und vor allem ihrer Muskulatur bei, und die Kleinen werden sich langsam der Funktionsfähigkeit ihres Körpers bewusst. Auch die angeborenen Mechanismen des Sozialverhaltens werden im Spiel ausprobiert, trainiert und somit gefestigt.

Die Spielregeln

Wenn Sie Ihren Welpen zu sich holen, kann ihm nichts besser über den Verlust von Mutter, Geschwistern und seiner gewohnten Umgebung hinweg helfen, als ausgelassen mit Ihnen zu spielen. Kluge Hundeerzieher versuchen von Anfang an, durch gezielte, dem Welpen angepasste Spielangebote dessen Motivations- und Lernbereitschaft zu fördern. Durch die Beschäftigung miteinander, lernen sich Mensch und Hund näher kennen. Das Vertrauen des Hundes zum menschlichen Spielpartner und umgekehrt wird verstärkt. Auch das Selbstbewusstsein des Hundes wächst.

Und Sie lernen die Körpersprache des Welpen kennen und sehen, was in ihm steckt. Beim Spiel erkennen Sie Temperament und Ausdauer Ihres Hundes, und wie hart oder weich er ist. Ist er ein rigoroser Draufgänger oder ein Sensibelchen? Als Familienhund ist nämlich nicht der kopflos-tollkühne, sondern der vorsichtig-mutige Hund gefragt. Durch spielerische Erziehung können Sie sein Verhalten in die richtige Richtung lenken.

Spielen ist wichtig Nur Welpen, mit denen viel gespielt wird, entwickeln eine überdurchschnittliche Spielfreude, die oft lebenslang anhält. Hunde mit solch einem ausgeprägten Spielverhalten machen Freude bei der Erziehung und auch später bei der gewaltlosen, spielerischen Ausbildung. Hunde mit schnell abflauender Spielfreude hatten offensichtlich während ihrer Welpenzeit zu wenig Gelegenheit zum Spielen. Selbst bei ausgiebigen Versuchen, solche spielfaulen Hunde später noch zu motivieren, blieben Erfolge eher bescheiden.

Keine Ablenkung Anfangs sollte der Welpe nicht vom Spiel abgelenkt werden. Spielen Sie zunächst im unmittelbaren Familienumfeld, wo sich der Welpe absolut sicher fühlt. Erst mit wachsender Spiellust sollten kleinere Ablenkungen schrittweise eingeplant werden, indem Sie dann das Spiel von

▲

An einem Stück Tau werden die Körperkräfte und das Durchsetzungsvermögen trainiert.

der Wohnung in den Garten und später zum Beispiel auf eine Wiese außerhalb Ihres Grundstücks verlegen. Arbeiten Sie erst mit Ihrem Welpen auf dem Hundeplatz, wenn er es gewohnt ist, auch unter Ablenkung zu spielen.

Gute Stimmung aufbauen Noch wichtiger ist es jedoch, eine für den Welpen vertrauensvolle, freundliche und einladende Atmosphäre im Spiel aufzubauen. Ihre persönliche Stimmung überträgt sich auf den Hund (→ Kapitel 7). Wenn Sie nicht gut gelaunt sind, dann gehen Sie lieber mit ihm spazieren, bis Sie wieder besser drauf sind.

Frühzeitig Grenzen setzen Die ersten Wochen nach der Trennung sind für den Welpen sehr turbulent. Seine Neugierde treibt ihn von einer Entdeckung zur anderen, und oft schießt er über das Ziel hinaus. Sie haben die Aufgabe, ihn bei seinen Entdeckungstouren zu be-

gleiten, indem Sie ihn beobachten und regulierend eingreifen, wenn er es übertreibt. Das sogenannte »Spielbeißen« zum Beispiel ist beim körpernahen Spiel mit dem Menschen anfangs sehr ausgeprägt. Hier gilt es, schon dem Kleinen, frühzeitig Grenzen zu setzen.

Die absolute Beißhemmung muss der Hund bereits als Baby lernen. Brechen Sie daher sofort das Spiel mit einem lauten »Aua!« ab, wenn Ihr Hund zu beißen beginnt. Ziehen Sie die Hand aber erst zurück, wenn sie der Welpe auf das »Aua!« hin frei gibt, und lenken Sie sein Interesse auf ein entsprechendes Spielzeug oder auf einen Ball, den Sie ihm hinwerfen. Beißt er einmal zufällig in Spiellaune in Ihre Hand, muss er sofort loslassen und so die intakte Beißhemmung zeigen. Geht Ihnen der Welpe »an die Wäsche«, indem er Sie in die Hosenbeine zwickt, rufen Sie ihn gleich zu Beginn mit einem strengen »Nein!« zur Ordnung oder greifen Sie ihm mit einer Hand über die Schnauze (→ Foto, Seite 119). Lenken Sie ihn mit einem Spielzeug als Ersatz ab.

Intensiv miteinander zu spielen fördert **die enge Bindung** zwischen Ihnen und Ihrem Welpen.

Der Mensch bestimmt Beim Spiel mit dem Menschen muss der Hund so schnell wie möglich lernen, dass die Aktionen vom Menschen ausgehen und dieser bestimmt, wann, was, wo, wie und vor allem wie lange und womit gespielt wird.

Das Intelligenz-spiel ist auch schon für die vier Monate alte Hündin sehr interessant.
▼

Spiele mit Artgenossen

Nach der Trennung von seinen Geschwistern sollte Ihr Welpe wenigstens bis zur 14. Lebenswoche die Möglichkeit haben, an gut geführten Welpenspielstunden teilzunehmen (Hundeverein oder Hundeschule). Hier wird weiterhin Sozialverhalten und Kommunikation untereinander geübt.

Ab der Geschlechtsreife gibt es für die meisten Hunde nur noch wenige Artgenossen, mit denen sie vertrauensvoll spielen. Irgendwann haben sie schon einmal schlechte Erfahrungen durch die Ablehnung mancher Hunde gemacht. Den Vierbeinern geht es genauso wie uns Menschen. Nicht jeder Artgenosse ist ihnen auf Anhieb sympathisch. Ein Rüde ist nicht asozial, wenn er sich mit einem anderen anlegt. Es kommt nicht darauf an, ob er rauft, sondern wie er rauft, und ob er dabei die sozialen Regeln einhält und seine Angelegenheit schadensvermeidend erledigt – wenn sich die Menschen nicht einmischen.

Spielerisch erziehen

An dieser Stelle möchte ich noch einmal auf die Erziehung des Welpen eingehen. Für einen Hund, der gewaltlos über Motivation und positive Bestärkung erzogen und ausgebildet wird, ist fast alles, was er in diesem Zusammenhang mit dem Menschen macht, ein Spiel. Lob und Trieberfüllungen spornen ihn immer wieder an, die von uns gestellten Aufgaben freudig zu lösen. Ich wünsche mir, dass man nicht mehr – wie früher – das Erziehungsziel des Hundes lediglich durch dessen bedingungslose Unterwerfung erreichen will. Vielmehr sollte man seinem Vierbeiner durch Wissen über

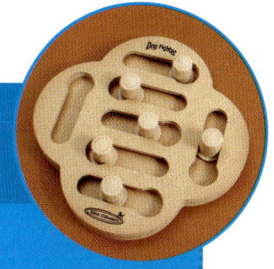

SINNVOLLES SPIELZEUG FÜR WELPEN

DAS LIEBEN HUNDEKINDER

Hartgummiball **Hartgummiring**	Er lässt sich rollen und werfen, ist langlebig und leicht zu reinigen. Der Ring lässt sich rollen und werfen. Schon der Welpe kann den Ring prima mit dem Mäulchen fassen.
Prey-Dummy	Dieser mit Futter gefüllte Wurfbeutel belohnt den Welpen sofort nach seinem »Jagderfolg« mit Beute.
Schwimm-Dummy	Ein tolles Spielzeug für Hunde, die gern im Sommer schwimmen gehen.
Hartes Tau mit Knoten	Auch verknotete alte Handtücher eignen sich gut für Zerrspiele mit Artgenossen und Menschen.
Quietschtiere	Sie motivieren oft spielfaule Hunde, nerven aber den Halter.
Beißwulst aus Jute	Prima zum Herumtragen, Werfen oder für Beißspiele geeignet.
Verschieden große Kartons	Herrlich zum Verstecken und Suchen von Gegenständen oder einfach nur zum ausgelassenen Zerlegen.

seine arteigenen Verhaltensweisen die Chance geben, spielerisch zu lernen und Aufgaben voller Freude und hoch motiviert zu lösen.

Abenteuer Spaziergang

Für den Hund ist nichts interessanter, als mit seinem Menschen Abenteuerspaziergänge zu machen. Wie langweilig ist es doch, wenn er nur in den Garten darf, um seine Geschäfte zu verrichten. Hier kennt er bereits jeden Baum, jeden Strauch und jeden Geruch ... Gestalten Sie den Spaziergang abwechslungsreich. Im Park oder auf freiem Feld können Sie die 10-Meter-Leine einsetzen. Sehr beliebt in Hundekreisen ist

zum Beispiel die »Verlorensuche«, wobei Sie sein Lieblingsspielzeug auf der Strecke im Gras oder Gebüsch verstecken. Lassen Sie beispielsweise unbemerkt einen Handschuh fallen. Schicken Sie Ihren Vierbeiner zurück, damit er ihn holt. Beginnen Sie beim Welpen mit einer Entfernung von ein bis zwei Metern, und steigern Sie die Entfernung allmählich. Verstecken Sie sich und lassen Sie sich von Ihrem Welpen »aufspüren«. Doch hauptsächlich will das Hundekind mit Ihnen die Gegend erkunden, Blätter im Wind fangen, fremde Gerüche aufnehmen, am Bachufer entlangstromern, liegende Baumstämme überwinden oder darauf balancieren und Mäuselöcher untersuchen. Der Welpe

2 Aufstieg Die Überwindung den schrägen Aufgang zum höchsten Punkt des Sportgerätes hinaufzugehen erfordert Mut und körperliche Gewandtheit. Aufgelegte Leckerlis sind hilfreich.

1 Ballspiel Das Fangen und Tragen eines Balles gehört zu den klassischen Beutespielen, die man Welpen nicht erst beibringen muss.

3 Tunnel Durch den verkürzten Tunnel hindurchzugehen traut sich jeder Welpe nach kurzer Zeit. Später wird der Tunnel verlängert.

will seine Erfahrungen im Schutz Ihrer Anwesenheit machen, jedoch nicht ununterbrochen aus übergroßer Fürsorge gestört, verfolgt und in seinem Forscherdrang unterbrochen werden. Greifen Sie nur dann ein, wenn dem Kleinen echte Gefahr droht.

Halten Sie sich wortlos in der Nähe Ihres Welpen auf, wird er sich immer nach Ihnen orientieren. Rufen Sie ihn dagegen ständig, hat er keinen Grund, sich Ihnen gegenüber aufmerksam zu verhalten, denn er hört Ihre Stimme ja permanent.

Hinweis Große Strecken können Sie mit dem Welpen noch nicht gehen, aber der Ausflug sollte interessant und motivierend für ihn sein. Treffen Sie andere Hunde, klären Sie zuerst deren Harmlosigkeit, bevor Ihr Welpe mit ihnen Kontakt aufnehmen darf.

Spiele im Haus

Besonders in der Wohnung kann man mit dem Welpen ungestört spielen und auch einem spielfaulen Welpen die Freude am Spiel allmählich beibringen. Speziell bei schlechtem Wetter sollten Sie jede Gelegenheit nutzen, den Welpen zu beschäftigen.

Leckerchen verstecken Beginnen Sie mit dem Verstecken von Leckerchen, wobei Sie das Reizwort »Such!« verwenden. Hat er das Leckerchen gefunden, ist es Zeit für die nächste Stufe. Verstecken Sie sein Lieblingsspielzeug, das Sie immer mit dem gleichen Namen nach dem »Such!« bezeichnen, zum Beispiel »Such Bärli!« oder »Such Ball!«. Mit fortschreitendem Alter des Welpen können Sie mehrere mit Namen bezeichnete Spielzeuge in einem Kreis auslegen und den Hund nur das Spielzeug holen lassen, welches Sie mit Namen bezeichnen.

Fitness-Parcours Für die körperliche Fitness und kleine Mutproben können Sie mit gewöhnlichen Gebrauchsgegenständen, die in jedem Haushalt vorhanden sind, einen kleinen Parcours aufbauen, der dem Welpen Freude macht und ihm einiges an Erfahrung bringt. Stellen Sie beispielsweise mit gefüllten Kunststoffflaschen einen Slalom auf und locken Sie ihn anfangs mit Leckerbissen und dem Signal »Slalom!« hindurch. Ein Bügelbrett auf verschieden hohe Bücherstapel gelegt, ergibt unterschiedliche »Rampen«, die als »Mutprobe« gute Dienste leisten. Aus stabilen Schachteln kann man herrliche Tunnel und Verstecke machen.

Balgerei mit dem Mensch Auch eine spielerische Balgerei mit Ihnen festigt das Zusammengehörigkeitsgefühl. Der Welpe lernt dabei mit Körperkontakten vertrauensvoll umzugehen. Vermeiden Sie bei wilden Spielen glatte Böden. Der Welpe hat noch keine stabilen Bänder und Sehnen. Diese könnten überdehnt werden. Spielen Sie also mit ihm nur auf Teppichböden oder einem Teppich.

Intelligenz- und Denkspiele

Inzwischen gibt es hervorragende Intelligenz- und Denkspiele für Hunde zu kaufen. Empfehlenswert sind zum Beispiel solche aus naturbelassenen, unbehandelten skandinavischen Holzarten, die von der Schwedin Nina Ottosson entwickelt wurden. Diese Spiele fördern die Intelligenz und Lernfreude des Welpen und trainieren seine Konzentration. Achten Sie bei Nachahmungsprodukten auf Qualität und Unbedenklichkeit der verwendeten Materialien.

Zwar können sich Welpen noch nicht so lange auf die Lösung des »Problems« konzentrieren wie ältere Hunde, aber dennoch sind sie oft erstaunlich erfindungsreich. Holzklötzchen zu verschieben, um an ein darunter verstecktes Leckerchen zu kommen, ist für junge Hundegenies überhaupt kein Problem.

Labyrinth Solch ein Labyrinth kann aus Fertigelementen zusammengesteckt werden. Manche Hundevereine oder -schulen bieten es zum Training an. Begabte Heimwerker können aber auch ein kleines Labyrinth bauen. Vielleicht haben Sie die Möglichkeit, Ihren Vierbeiner dort zu testen, um einiges über seine Klugheit, beziehungsweise über seine Bindung zu Ihnen zu erfahren. Voraussetzung ist: Ihr Junghund gehorcht Ihnen auch ohne Leine.

Lassen Sie den Hund vor dem Labyrinth absitzen. Sie gehen an den Endpunkt des Labyrinths und rufen Ihren Hund mit freudiger Stimme. Der Welpe, der seinen Mensch ignoriert, bleibt einfach sitzen und wartet. Der andere sucht den Ausgang, weil er zu Frauchen oder Herrchen will. Das Hundekind wird allein durch die aufmunternde Aufforderung seines Menschen motiviert, das Labyrinth zu durchlaufen.

Trennwand Interessant ist auch folgender einfacher Versuchsaufbau: Sie stehen hinter einer Trennwand, zum Beispiel aus Holz oder einem Paravent. Ihr Welpe sitzt davor. Wichtig dabei: Der Welpe muss die Möglichkeit haben, hinter die Wand zu laufen, um Sie zu finden. Jetzt rufen Sie den Kleinen. Wie reagiert er? Versucht er zu Ihnen zu kommen? Wie löst er das Problem? Wie lange dauert es, bis er entdeckt hat, dass er die Wand rechts oder links umlaufen kann und Sie für ihn endlich wieder erreichbar sind?

Ein Welpe als Spielpartner

Mein Sohn Tom ist drei Jahre alt. Jetzt haben wir einen
Welpen als Spielpartner für ihn gekauft. Was müssen
wir beachten, wenn die beiden zusammen spielen?

KLEINKIND UND HUNDEKIND – eine brisan-
te Mischung. Keinesfalls dürfen Sie die beiden ohne Aufsicht miteinander spielen lassen. Hier treffen zwei Lebewesen aufeinan-
der, die von der geistigen Entwicklung her
etwa auf gleicher Stufe stehen. Kind und
Welpe reagieren noch völlig unvorherseh-
bar und müssen sich erst langsam aneinan-
der gewöhnen. Außerdem ist bei Kleinkin-
dern die Motorik noch nicht voll ausgebildet. Sie fassen den Welpen oft zu fest an
oder lassen ihn fallen, wenn sie ihn hochheben wollen. Durch diese schmerzhaften Erfahrungen könnte der Hund später auf Kinder negativ reagieren.

Verständnis wecken

Eltern müssen ihrem Kind von Anfang an
den richtigen Umgang mit dem Welpen erklären und ihm Respekt vor dem Lebewesen Hund beibringen. Das Kind muss vor
allem lernen, dass es den niedlichen Welpen nicht als Spielzeug behandeln darf
und, dass es behutsam mit ihm umgeht.
Das Hundekind darf nicht im Schlaf gestört
werden. Der Schlafplatz des Vierbeiners ist
für Kinder eine Tabuzone. Dorthin kann sich
der Hund zurückziehen, wenn er seine
Ruhe haben möchte. Selbstverständlich
darf der Welpe nicht beim Fressen gestört

werden. Um all das einem noch kleinen
Kind begreiflich zu machen sind Rollenspie-
le oft sehr hilfreich. Lassen Sie Ihr Kind in
die Rolle des Welpen schlüpfen, der zum
Beispiel gerade von Ihnen (Sie sind jetzt
das Kind) gezwickt wird. Dass das wehtut,
wir Ihr Kind schnell verstehen. Erklären Sie
Ihrem Kind auch, wie es Warn- und Unlust-
signale des Welpen erkennt und warum er
jetzt vielleicht keine Lust zum Spielen hat.

Wilde Spiele verboten

Verbieten Sie Ihrem Kind wilde Jagd-, Zerr-
oder Beißspiele mit dem Welpen. Ein Hundekind »überdreht« leicht bei diesen Spielen,
und Ihr Kind bekommt eventuell schmerzhaft dessen spitze Milchzähnchen zu spüren. Kinder sind meist nicht in der Lage,
dem jungen Hund bei groben Spielen ernst-
hafte Grenzen zu setzen. Alle halbherzigen
Abwehrversuche werden vom Hund als weitere Spielvariante gedeutet, und er wird
immer aktiver. In diesem Fall muss ein Erwachsener eingreifen und den Hund notfalls aus dem Raum entfernen, bis er sich
wieder beruhigt hat. Häufige Gelegenheiten
zum Toben mit Artgenossen und eine artgerechte Beschäftigung schöpfen die überschüssige Energie ab und sorgen dafür,
dass der junge Hund ausgeglichener ist.

Hinweis Stellen Sie anfangs keine zu schwierigen Aufgaben. Der Welpe muss bei jedem Spiel ein Erfolgserlebnis haben. Ihm dabei unmerklich zu helfen, verlangt Fingerspitzengefühl, denn schließlich soll er sich den Erfolg ja selbst »erarbeiten«.

Solospiele

Als Solitärspiel bezeichnet der Fachmann die spielerische Beschäftigung des Hundes mit sich selbst. Beispielsweise, wenn junge Hunde Freude daran haben, ihre Gliedmaßen und deren Bewegungsmöglichkeiten zu entdecken. Sie springen wie kleine Zicklein in die Luft, werfen sich auf den Boden oder wälzen sich voller Genuss. Meine derzeit zwölf Wochen alte Französische Bulldogge »Only« entdeckt gerade den Gartenteich mit seinen teils im Wasser liegenden Steinen, die sie vorsichtig erklettert. Wenn sie es mühsam geschafft hat, schaut sie stolz wie ein Gipfelstürmer. Es gibt auch Spielzeug für »Alleinunterhalter«, das

mit Leckerlis gefüllt wird. Rollt der Hund dieses über den Boden, fallen sie heraus. Manche Hundehalter meinen, damit schon genug für die Förderung ihres Welpen getan zu haben. Das ist jedoch ein großer Irrtum!

Kaumaterial Die wichtigste Solo-Spieltätigkeit von jungen, aber auch älteren Hunden ist das stundenlange Zernagen und Zerkauen eines Gegenstands. Sorgen Sie für genügend ungefährliche und ungiftige Angebote, wie zum Beispiel Aststücke, nicht splitterndes Holz, Rinderhaut, Rinderohr etc, weil der Welpe sonst möglicherweise auf Stuhlbeine oder Schuhe ausweicht.

Plüschtier Viele Hunde haben ein Lieblingsplüschtier, das sie nicht zerbeißen. Dieses Spielzeug tragen sie meist lange Zeit herum und legen auch beim Schlafen den Kopf darauf. Kaufen Sie nur spezielle Plüschtiere, die für Hunde geeignet sind.

Hinweis Spielzeug, das als Motivation bei der Erziehung dient, muss bis zum nächsten Einsatz weggeräumt werden.

Der Welpe rechts zeigt die klassische Aufforderung zum Spiel. Sein Spielpartner antwortet sofort, indem er mit der erhobenen Rute andeutet, dass er gleich aufspringt.

Wie Hunde sprechen

Wie intensiv und ausführlich Sie sich mit Ihrem Vierbeiner »unterhalten« können, hängt davon ab, wie gut Sie seine Ausdrucksmöglichkeiten kennen und es verstehen, sie richtig zu deuten.

Hunde sprechen mehrere Sprachen

Wir verfügen über eine Laut- und eine Körpersprache. Der Hund dagegen kann sich zudem auch noch über seine Duftsprache und sogenannte »taktile« Signale mitteilen.

ALS AUSDRUCKSVERHALTEN bezeichnet man beim Hund alle Verhaltensweisen, die im Zusammenhang mit der Kommunikation zwischen Hunden und dem Menschen stehen. Das miteinander sprechen (kommunizieren), ist sowohl beim Menschen, als auch beim Hund die Voraussetzung für ein harmonisches Zusammenleben.

Verschiedene Mitteilungsmöglichkeiten

Der Mensch hat eine »erzählende« Sprache, mit der er beispielsweise berichten kann, was er gestern erlebt hat oder was er für morgen plant. Der Hund hingegen wendet die »anzeigende« Sprache an. Er kann immer nur das mitteilen, was er gerade im Moment fühlt oder zum Ausdruck bringen will. Und er »sagt« es mit seinen arteigenen Ausdrucksmöglichkeiten, die sehr vielseitig sind. Er »spricht« durch

▸ Bewegungen seines Körpers = optische Signale,
▸ Duftsignale = olfaktorische Signale,
▸ Berührungen = taktile Signale und
▸ Laute = akustische Signale.

Diese Ausdrucksmöglichkeiten verwenden Hunde auch, wenn sie mit uns

Menschen sprechen. Schließlich kennt jeder das Wedeln mit der Rute, das Knurren oder das Bellen.

Wir Menschen verständigen uns mit Worten, wovon jedes eine bestimmte Bedeutung hat. Und wir haben eine Körpersprache, die wir aber in den meisten Fällen leider nur unbewusst einsetzen können. Sie spielt in unserem Zusammenleben eine untergeordnete Rolle. Dabei wäre sie für den Umgang mit dem Vierbeiner am besten für ihn zu verstehen, denn Hunde sind genaue Beobachter. Leider nutzen die wenigsten Hundehalter ihre Körpersprache für die Kommunikation mit ihrem Vierbeiner.

Auch mit sich selbst kann man sich spielerisch beschäftigen. ▸

Wer in der Lage ist, die Körpersprache anderer Menschen zu deuten, erkennt zum Beispiel, ob sein Gesprächspartner selbstbewusst oder unsicher ist oder gar lügt. Der gezielte Einsatz der Körpersprache ist in Seminaren erlernbar. Nicht selten wird es dann sogar möglich, sich beispielsweise bei einem Vorstellungsgespräch positiver darzustellen, und so den Job zu bekommen.

Was uns die Körpersprache des Hundes zeigt

Auch wenn Sie noch nichts über das Ausdrucksverhalten des Hundes wissen, erkennen Sie sofort die Unsicherheit oder sogar die Angst eines Hundes, wenn er geduckt mit gesenktem Kopf und eingezogenem Schwanz vor Ihnen kauert. Ebenso wenn ein Hund mit steifen Beinen, gesträubten Rückenhaaren und gebleckten Zähnen auf Sie zukommt. Klar, dass er Ihnen nicht wohl-

WUSSTEN SIE SCHON, DASS ...

... Hunde keinen sechsten Sinn brauchen?

Manchmal scheint es, als hätten unsere Vierbeiner einen sechsten Sinn. Sie reagieren auf Stimmungsschwankungen ihrer Menschen, können Krankheiten registrieren und rechtzeitig vor nahendem Unheil, wie zum Beispiel einem Erdbeben, warnen. Der Hund ist auch fähig, einen epileptischen Anfall oder eine lebensbedrohliche Unterzuckerung seines Menschen anzuzeigen, bevor der es selbst merkt. Die Erklärung ist einfach: Der Hund riecht es.

Der Hund ist nicht in der Lage, sich zu verstellen. Er zeigt mit seiner Körpersprache immer nur das an, was er im Moment ehrlich empfindet. Seine Sprache ist eine Sprache der Gefühle. Der Hund braucht keine Worte, um sich auszudrücken. Er nutzt für seine Kommunikation mit Artgenossen und uns Menschen die gesamte Palette seiner Körper- und Lautsprache, sowie seine taktilen und olfaktorischen Möglichkeiten. Für uns ist es wichtig, die Ausdrucksmöglichkeiten des Hundes zu kennen und sie richtig zu verstehen.

gesonnen ist. Eine freundliche Annäherung an Sie zeigt er mit Pfötchen geben oder Hände lecken an.
Falsch ist es allerdings zu glauben, dass allein das Schwanzwedeln als Freundlichkeit des Vierbeiners zu werten ist, ohne auf weitere Körpersignale des Hundes zu achten. Nur die Gesamtheit aller Zeichen, der Körperhaltung, der Ohrenstellung, der Mimik und der Rutenhaltung geben Aufschluss über die momentane Stimmung des Hundes. Unsere Hunde haben ein sehr umfangreiches Ausdrucksvokabular, und sie

können die einzelnen Signale noch dazu verschieden kombinieren. Gleiche Signale können also unterschiedlich eingesetzt werden und drücken in den verschiedensten Kombinationen immer wieder etwas anderes aus.

Der Hund fühlt sich sicher Das neutrale Verhalten eines Vierbeiners, der sich in seiner Umwelt absolut sicher fühlt, zeigt sich an der normal erhobenen Kopfhaltung, seine Gliedmaßen sind ohne Spannung und im Stand leicht gewinkelt, und die Rute ist rasseabhängig in der Normalstellung. Seine Stehohren sind locker stehend nach vorne gerichtet. Bei Hängeohren wird die Ohrwurzel nach vorne gezogen.

Der Hund ist unsicher Fühlt sich der Hund unsicher, können Sie das bereits an seiner Mimik erkennen. Die Gesichtshaut ist gespannt und die Mundwinkel sind nach hinten gezogen. Es scheint, als würde der Hund grinsen. Sein Blick ist unruhig und nicht auf ein Ziel gerichtet. Die Ohren bzw. die Ohrwurzeln bei Hängeohren werden nach hinten bewegt. Bei gesengtem Kopf knickt der Körper laufend ein, und die Rute ist eingeklemmt. Dieses Verhalten zeigen Hunde ein Leben lang, wenn sie von ihren Eltern ein schwaches Wesen geerbt haben oder in den Prägungsphasen überhaupt nicht oder nur mangelhaft sozialisiert wurden.

Der Hund imponiert Selbstsichere Rüden neigen bisweilen zum Imponieren, wenn sie einem Geschlechtsrivalen begegnen. Hier wollen beide zunächst die eigene Überlegenheit demonstrieren. Sie gehen steifbeinig umeinander herum. Die Ruten werden mehr oder weniger hoch getragen und pendeln abwartend leicht hin und her. So versuchen sie sich hinten oder vorne zu berie-

chen, wobei der Kopf und die Schnauze waagerecht gehalten werden. Allerdings wird streng jeglicher Blickkontakt vermieden. Die Ohren sind leicht nach vorne geneigt. Einer von beiden kann Abwehr- oder Angriffsdrohen zeigen,

Mutter ist eine Autorität

▶ **1** **Beschwichtigen** Beide Tervueren-Welpen zeigen sich der Mutter gegenüber unterwürfig. Der Körper des linken Welpen ist eingeknickt, der rechte Welpe beschwichtigt durch Pföteln.

▶ **2** **Demütig** Der Welpe zeigt ebenfalls die passive Unterwerfung, diesmal im Liegen und mit beschwichtigendem Pföteln in Richtung des Gesichts der Mutter. Natürlich nimmt Mama dieses Verhalten wohlwollend zur Kenntnis.

oder er unterwirft sich. Auch ein Angriff ohne Vorwarnung ist möglich.

Ein weiterer Ausdruck selbstbewusster Hunde ist das Imponierscharren nach dem Urinieren und nach dem Koten. Es wird mit beiden Hinterbeinen oder mit allen vieren ausgeführt. Das Markieren der Rüden (nicht selten tun es auch Hündinnen) ist wölfisches Verhalten. Damit wird der Besitzanspruch des Reviers demonstriert. In den Städten respektieren dies aber andere Rüden kaum. Durch die vielen Markierungen kommt es zu geruchlichen Überreizungen, und die Rüden heben immer noch wiederholt das Bein, obwohl ihre Blase schon längst leer ist.

Auch das Aufreiten oder zumindest die Pfote auf den Rücken legen und so das Aufreiten nur anzudeuten, ist nicht generell als sexuelles Verhalten zu bewerten, sondern durchaus auch als Imponiergehabe. Manche Rüden stellen sich provozierend quer vor den Konkurrenten, was als T-Stellung bezeichnet wird. Alle Imponierhandlungen sollen Dominanz und Stärke demonstrieren, beinhalten aber auch eine verdeckte Drohung.

Der Hund droht mit Angriff Das Angriffsdrohen wird auch als offensives Drohen oder aggressives Drohverhalten bezeichnet. Dieses Verhalten richtet sich immer auf den Gegner. Dabei ist der Kopf leicht gesenkt, die Zähne sind gefletscht, die Lippen wirken sehr »kurz«. Der Gegner wird fixiert. Mit nach hinten gezogenen Ohren lässt der »Angreifer« ein Knurren oder auch Bellen hören. Der Körper wirkt durch seine gestreckten Glieder größer, dazu sind die Rückenhaare gesträubt. Die Rute ist, je nach Rasse, mehr oder weniger weit über den Rücken gespannt. Beim Wolf wird die Auseinandersetzung oft hier

beendet. Bei unseren Haushunden dagegen kann auf das Imponieren sofort der Angriff folgen, oder er erfolgt sogar, ohne vorheriges Imponieren. Sie haben zum Teil verlernt zu kämpfen, ohne dass der andere Schaden nimmt.

Der Hund wehrt durch Drohen ab Das Abwehrdrohen zeigt sich folgendermaßen: Mit weit nach hinten gezogenen Mundwinkeln und angelegten Ohren »beißt« der meist unsichere Hund spontan in die Luft. Bei leicht eingeknickten Beinen können trotzdem manchmal die Haare gesträubt sein. Die Rute ist stets eng an den Unterleib gedrückt. Wenn er kann, wird sich dieser Hund zurückziehen. Kann er nicht ausweichen oder fliehen, ist er verteidigungsbereit. Die meisten Beißunfälle passieren durch solche »Angstbeißer«. Das Abwehrdrohen kann aber auch in die passive Unterwerfung übergehen.

Der Hund zeigt sich demütig Bei der sogenannten passiven Unterwerfung wird der Blickkontakt unbedingt vermieden, und der Hund zeigt keinerlei Aggressivität. Die Ohren sind nach hinten gelegt, und das Gesicht wirkt welpenhaft. Er scheint zu grinsen, und er führt gezielte oder ungezielte Leckbewegungen aus. Dabei kann er winseln, fiepen, schreien und auch urinieren. Er zeigt die typische Rückenlage eines Hundes, der sich unterwirft. Dieses stärkste Signal löst die Beiß- bzw. Tötungshemmung im Kampf oder auch im Spiel aus. Bei weniger intensiven Körperkontakten kann die gleiche Hemmung auch ausgelöst werden, wenn der sich unterwerfende Hund im Stehen oder Sitzen in Richtung Partner zur Beschwichtigung pfötelt, also die Vorderpfote auf und ab bewegt. Die Rute ist dabei eingeklemmt.

Körpersignale
auf einen Blick

Vertraut & »reuig« ▶

Der linke Dackel streckt seine Bauchseite vertrauensvoll seinem Halter entgegen. Er möchte gekrault werden. Der rechte Welpe wurde offensichtlich ermahnt und zeigt nun sein Bedauern.

◀ **Unsicher & neugierig**

Die zurückgezogenen Ohren des Welpen links signalisieren Unsicherheit. Rechts hat er die Hängeohren aufgestellt, und sein Gesicht zeigt neugierige Erwartung. Die Mimik behaarter Hundegesichter ist schwer zu deuten.

Ruhig & entspannt ▶

Das »Abschmatzen« im Foto links signalisiert Ruhe und Zufriedenheit. Rechts liegt der Welpe völlig entspannt auf seinem Ruheplatz und schaut erwartungsvoll zu Frauchen oder Herrchen.

◀ *Die geduckte Körperhaltung des Welpen bedeutet aktive Unterwerfung.*

den, winselnden und urinierenden seelischen Krüppel. Die aktive Unterwerfung geht häufig in Spielverhalten über.

So gibt mir mein Hund freiwillig und ohne Dressur »Pfötchen«, leckt mir die Hände oder legt sich vor mich auf den Rücken, damit ich seinen Bauch kraule. Manchmal versucht er, meinen Mund zu belecken. Das »Mundwinkellecken« stammt noch aus seiner Welpenzeit, als er seine Mutter mit diesem Verhalten dazu bringen konnte, ihm vorverdautes Futter hervorzuwürgen.

Der Hund will spielen Seine Aufforderung ist deutlich: Der Vorderkörper berührt fast den Boden, während das Hinterteil oben bleibt. Die Vorderbeine werden seitlich gespreizt, und der Hund wedelt mit dem Schwanz. Eventuell hält er seinen Kopf dabei schief oder bewegt ihn ruckartig hin und her.

Die Lautsprache

Hunde können mehr als nur bellen. Muckende Behagenslaute können Sie bis zur 4. Lebenswoche, beim Milch saugen, vernehmen.

Winseln ist ein Laut des Unbehagens, den Sie bei der passiven Unterwerfung sowohl vom Welpen, als auch vom erwachsenen Hunden hören (→ Seite 114). Bei der aktiven Unterwerfung bettelt der Hund mit dem Winseln um Aufmerksamkeit (→ links). In beiden Fällen kann das Winseln aber auch durch Bellen ersetzt werden, das dann mit Fieplauten kombiniert wird. Bei großer Angst oder Schmerzen während der passiven Unterwerfung kann es sich

Der Hund ordnet sich freiwillig unter

Bei der sogenannten aktiven Unterwerfung, ist der Blick des Hundes vertrauensvoll, ohne zu fixieren, auf den Partner gerichtet, und seine Gliedmaßen sind eingeknickt, so dass der Körper geduckt wirkt. Die Rute wird niedrig gehalten (nicht eingeklemmt) und in schneller Folge hin und her bewegt. Die aktive Unterwerfung, bei welcher sich der Hund ohne Zwang dem Menschen oder seinem Artgenossen unterordnet, sollte das häufigste Verhalten unseres Hundes sein. Viele Hundehalter zwingen ihre Hunde im täglichen Umgang aber leider durch unbeherrschte Behandlung oder durch Erziehung zum »Kadavergehorsam« permanent in die passive Unterwerfung und machen aus ihrem Welpen mit der Zeit einen immer unsichereren, sich am Boden krümmen-

zum Schreien steigern. Das Bellen entwickelt sich beim Welpen ab der vierten Lebenswoche. Durch Bellen kann der Hund vielerlei ausdrücken. Verschiedene Tonlagen und die zusätzlichen Informationen von Mimik und Körpersprache in Verbindung mit den jeweiligen Situationen lassen uns sein Bellen im Laufe der Zeit verstehen.

Das Knurren ist sowohl ein Ausdruck von Überlegenheit, als auch ein Drohlaut. Ab der achten Woche knurren die Zwerge auch schon mal einen Menschen an, um zu testen, ob sie damit beeindrucken können. Beim Spiel mit dem Menschen gehört das Knurren dazu.

Wenn Hunde lange allein gelassen werden, heulen sie. Das Heulen wird immer wieder durch Bellen unterbrochen.

Duft-Informationen

Diese sogenannte olfaktorische Kommunikation geschieht zum Beispiel durch Abgabe von Harn, Kot oder das Drüsensekret der Analdrüse. Auf diese Weise können Hunde miteinander kommunizieren, ohne sich zu begegnen. Über die Duftmarkierungen, die sie als Urin und Kot etwa an Hausecken, Bäumen oder Zäunen absetzen, geben sie Informationen über sich an Artgenossen weiter. Der schnüffelnde Hund erfährt dann alle möglichen Einzelheiten über seinen Vorgänger und reagiert entsprechend darauf. Ein nicht ganz selbstbewusster Hund wird vom Duft eines dominanten eingeschüchtert und sich hüten, an dieser Stelle zu koten oder zu harnen. Bei einem ebenfalls dominanten Tier löst die herausfordernde Duftmarke dagegen Imponiergehabe aus und wird mit der eigenen Markierung übertüncht. Wenn sich zwei Hunde treffen, spielt ihr Geruchssinn die Hauptrolle. Sie beriechen sich gegenseitig an den Mundwinkeln und ihren Geschlechtsteilen und am After. Dabei können sie den Geruch des jeweils anderen Hundes wieder erkennen, wenn ihnen seine Duftmarken vorher schon einmal »unter die Nase« gekommen sind.

Welpen sind von Natur aus neugierig und schnuppern an allem. Dieser Duft scheint den Kleinen allerdings etwas zu verunsichern. ▶

Gute Gespräche

Der Hund ist ein hervorragender Beobachter, und er hat den Wunsch, uns Menschen zu gefallen. Von Ihnen erwartet der Vierbeiner klare Ansagen, Motivation durch Lob und den Einsatz Ihrer Körpersprache. Auf dieser Basis kann man sich prima verständigen ...

IMMER MEHR Menschen haben immer weniger Zeit für persönliche Gespräche. Die meisten Unterhaltungen werden per Handy oder Computer geführt. Bei dieser Art von Kommunikation ist es im Gegensatz zum persönlichen, direkten Gespräch mit Augenkontakt, nicht möglich und auch nicht mehr nötig, die eigene Körpersprache einzusetzen und die des Gesprächspartners zu deuten. Auf diese Weise geht uns die unmittelbare Beziehung zueinander mehr und mehr verloren. Und das gilt leider auch für die Kommunikation mit unseren Hunden.

Klare Sprache

Damit Sie sich gut mit Ihrem Hund verstehen, ist Ihre direkte, persönliche Präsenz samt Ihrer Körpersprache für Ihren Vierbeiner elementar wichtig. Versuchen Sie daher im Umgang mit Ihrem Welpen gleichzeitig zu Ihrer Wortsprache, deutlich Ihre Körpersprache einzusetzen. Lernen Sie durch beobachten die Körpersignale Ihres Welpen richtig zu deuten, also sozusagen die »Vokabeln« seiner Sprache. Hunde beobachten unsere Körpersprache genau. Dabei sind die Worte, die Sie für die einzelnen Kommandos Ihrem Vierbeiner gegenüber benutzen nur ein Detail, damit er Sie richtig versteht. Die Reaktion des Hundes auf unser Wortsignal hin ist auch von der Art unserer Bewegungen, Körperhaltung und sogar von unserer Mimik abhängig.

Viele Menschen kommunizieren mit ihrem Vierbeiner in der Regel nur verbal und einseitig im Befehlston: »Hier!«, »Sitz!«, »Platz!« usw. Selbst die meisten Erziehungs- und Ausbildungskurse in Hundeschulen sind nur darauf ausgerichtet, dass der Hund lernt, diese Befehle korrekt auszuführen. Auf dieser Basis kann jedoch keine angeregte Unterhaltung zwischen Ihnen und Ihrem Hund stattfinden.

Dann gibt es Hundehalter, die ihren Vierbeiner mit ellenlangen Sätzen und Strafpredigten verwirren. Der Hund versteht nur »Bahnhof« und reagiert mit der Zeit völlig gleichgültig. Er weiß überhaupt nicht, was sein Mensch von ihm will. Der Vierbeiner spürt höchstens, dass das, was er getan hat, seinem Menschen nicht gefallen hat. Er zeigt deshalb mit seiner Körpersprache die passive Unterwerfung (→ Seite 114). Dieses Verhalten wird von seinem Frauchen oder Herrchen fälschlicherweise oft als schlechtes Gewissen oder gar als Scham gedeutet. Solche Hundehalter sollten sich unbedingt über die Körpersprache ihres Hundes kundig machen, sonst wird es bei beiden immer wieder zu gravierenden Missverständnissen

Während des Spiels wird der Welpe liebevoll von seiner Mutter in die Schranken gewiesen.

kommen, die dem harmonischen Zusammenleben nicht förderlich sind. Beispiel: Dem Welpen mit vielen Worten beibringen zu wollen, dass er der Rangniedere ist, wird er nicht verstehen. Den Griff über seine Schnauze kapiert er als Rangeinweisung aber sofort, weil er den Über-die-Schnauze-Biss schon von seiner Mutter oder von anderen erwachsenen Hunden erlebt und verstanden hat (→ Foto, oben). Versuchen Sie diesen Griff aber nicht erst, wenn Ihr Hund als Erwachsener eventuell schon der Chef in der Familie ist, weil Sie in der Erziehung einiges versäumt haben. In diesem Fall würde er Sie! sehr streng, notfalls mit Beißen, disziplinieren.

Wortsignale sind wichtig Selbstverständlich geht es bei der Kommunikation mit dem Hund nicht ohne unsere Wortsignale ab. Selbst ein durchschnittlich begabter Welpe ist in der Lage, 20 bis 30 Kommandos zu erlernen. Manche Spezialisten, wie gute Hütehunde oder Blindenführhunde, beherrschen nicht selten über 100 verschiedene Wortsignale. Der Hund ist von sich aus bereit, unsere Lautsprache verstehen zu wollen und auf unsere Wünsche einzugehen.

Körpersprache des Menschen Im Deuten unserer Körpersprache sind Hunde uns weit überlegen, was uns oft gar nicht so recht ist. Es ist immer wieder erstaunlich, wie schnell Hunde unsere, meist unbewusste, Körpersprache intuitiv verstehen. Während des Sprechens können wir vieles nicht steuern – sei es unsere Mimik, unsere Gesten, den Tonfall, die Stimmhöhe oder andere Eigen-

Signale an den Welpen

▶ **1** **Motivieren** In der Hocke und mit einladend ausgebreiteten Armen kommt der Welpe freudig und ohne Angst zu Frauchen.

▶ **2** **Bedrohlich** Wer sich so über einen Welpen beugt, verängstigt ihn mit dieser, für den Kleinen bedrohlich wirkenden, Körpersprache.

▶ **3** **Ignorieren** Wer das freundlich gemeinte Hochspringen des Welpen am Menschen nicht mag, muss sich abrupt vom Hund abwenden und ihn einfach ignorieren.

heiten unserer Sprechweise. Doch schon der Welpe erkennt, in welcher Stimmung sein Mensch gerade ist, denn im Verlauf der Jahrtausende des Zusammenlebens hat der Hund offenbar eine spezielle Intelligenz entwickelt, um uns Menschen besser zu verstehen.

Gesprächsbereit sein

Von einem Welpen können Sie anfangs nicht mehr verlangen, als dass er auf Kommando schnell zu Ihnen kommt und, dass er – wunschgemäß – auf Lob und Kritik reagiert. Voraussetzung für die Kommunikation zwischen Ihnen und Ihrem Hund ist jedoch die »Gesprächsbereitschaft«.
Welpen sind von Natur aus stets zum Gespräch mit uns bereit. Allerdings muss diese Bereitschaft von Ihnen angenommen und bestätigt werden. Reagieren Sie auf das Kommunikationsangebot Ihres Hundes negativ, »ersticken« Sie sein Gesprächsangebot bereits von Anfang an im Keim.

Auch Versändigungsfehler hemmen das »Gespräch«. Dazu gehören beispielsweise unklare Ansprachen an den Hund und/oder Hilfestellungen, die ihn verunsichern oder ein schlechtes Timing beim Erlernen von Übungen.
Ein gutes Beispiel Ihr Welpe soll schnell und zuverlässig zu Ihnen kommen. So geht's ganz leicht.
Schritt 1: Er braucht Ihr klares und deutliches Kommando: »Hier!« Gehen sie dabei in die Hocke, um den Kleinen nicht durch Ihre volle Körperlänge zu verunsichern.
Schritt 2: Hinzu kommt ein immer gleiches Sichtzeichen: Breiten Sie die Arme aus, Ihre Handflächen sind nach oben zu Ihrem Körper gerichtet. Winken Sie mit den Fingern zu sich hin. Ihre Körpersprache sagt dem Welpen jetzt deutlich, dass er bei Ihnen willkommen ist. Weil er aus Erfahrung weiß, dass er bisweilen für das Kommen eine Belohnung und intensive Streicheleinheiten »abstauben« kann, wird er bestimmt nicht an Ihnen vorbeilaufen.

Kritik üben

Kritik hat nichts mit Strafe zu tun. Strafe hat bei der Erziehung über positive Verstärkung nichts zu suchen. Ein Hund der im Nachhinein für sein unerwünschtes Tun bestraft wird, lernt überhaupt nichts, weil er durch die Strafe in Stress gerät. Außerdem würde die Kommunikationsbereitschaft des Welpen durch die Strafaktion unterbrochen. Daher muss die Kritik zeitgleich mit dem Fehler des Hundes erfolgen. Versuchen Sie sich ein tiefes, knurrendes »Nein!« anzugewöhnen. Wenn Sie richtig bösartig knurren können, dann können sie sich das Wortsignal »Nein!« sparen. Es muss von Ihrem Hund nur als negatives Zeichen empfunden werden. Nun ist es aber mit diesem Zeichen alleine noch nicht getan. Sie haben ihm jetzt nur vermittelt, dass das, was er gerade macht, falsch ist. Nach diesem negativen Erlebnis für den Hund muss immer ein positives als Alternative für ihn folgen. Helfen Sie Ihrem Hund alles richtig zu machen und verstärken Sie

seine Leistung positiv, wenn er es mit Ihrer Hilfe geschafft hat. Er wird in der Folgezeit immer aufmerksamer (gesprächsbereiter) werden, weil er ja daran interessiert ist, die ihm gestellten Aufgaben zu Ihrer Zufriedenheit zu lösen. Bei solch einem gesprächsbereiten Hund ist es schließlich möglich, die Kritik immer leiser anzuwenden.

Hinweis Bei allen gezielten Erziehungs- und Trainingsphasen ist der Welpe bei

---

TIPP

Der Hund reagiert nicht normal

Meist handelt es sich um vom Menschen verursachte Neurosen, die etwa durch mangelnde Sozialisierung und/oder durch schwerwiegende Erziehungsfehler im Welpenalter entstehen. Auch Krankheiten, wie Rückenschmerzen, Hüftschmerzen oder Kopfschmerzen aufgrund eines Gehirntumors, können die Ursache sein.

*Diese Körperhaltung soll den Spielge-
fährten zum Mitmachen motivieren.*

mir an der Leine. Die Länge der Leine richtet sich nach der Örtlichkeit oder der jeweiligen Übung (→ Seite 94/95). Leinenfreiheit während einer Lektion muss sich der Hund erst durch den Nachweis seiner Kritikfähigkeit und Zuverlässigkeit verdienen.

Strafen ist tabu Immer wieder hört man Hundehalter von sogenannten natürlichen Strafen sprechen. Das Schütteln an der Nackenhaut wenden angeblich auch Hundemütter bei ihren Welpen an. Dieses Schütteln am Genick bedeutet in der Natur »töten« und kann, als Strafe verwendet, einen Welpen in Todesangst versetzen. Keine Hündin würde das ihren Welpen antun.

Dem Rat zu folgen, den Hund ins Ohr zu zwicken oder es zu verdrehen, lehne ich ab, weil das Ohr verletzt werden kann und das Zufügen von Schmerz bei meiner partnerschaftlichen Hunde-Er-

ziehung nicht infrage kommt. Auf weitere Aufzählungen angeblich naturnaher Bestrafungsmöglichkeiten verzichte ich, weil ich der Meinung bin, dass Strafe als Zwangsmittel, so wie sie auch heute noch auf vielen Übungsplätzen angewandt wird, in der modernen Hundeerziehung keine Anwendung mehr finden darf. Der Hund lernt durch Bestrafung nichts, denn sie kommt erst, wenn er schon etwas falsch gemacht hat. Arbeiten Sie bei der Ausbildung so vorausschauend, dass der Hund keinen Fehler machen kann.

Leise und freundlich

Schreien Sie Wortsignale keinesfalls lautstark hinaus. Je lauter Sie werden, umso unaufmerksamer wird Ihr Hund, weil ihn Ihre Lautstärke nicht zum Aufpassen motiviert. Verbale Kommandos müssen klar und deutlich, aber leise und freundlich gesprochen werden. Allein die Gewalt Ihrer Stimme macht Ihren Hund nicht gehorsamer. Die Aufmerksamkeit Ihres Welpen wird mehr gefesselt, wenn Sie leise mit ihm sprechen. Schreien ist unnötig, zumal ein Hund um ein Vielfaches besser hört als wir. Ihr Vierbeiner erwartet lediglich eine klare und deutliche Ansprache in normaler Lautstärke und mit dazu passender Körpersprache von Ihnen.

Die Kritik meines 7-jährigen Deutschen Schäferhundes »Itchy« an unserer 13 Wochen jungen Französischen Bulldogge »Only« läuft in der Regel über Blickkontakt und schlimmstenfalls über ein Naserümpfen mit leisem Knurren seitens des Älteren ab. In den ersten Wochen war die Kritik zweifellos etwas intensiver und direkter, aber stets ohne Gewalt, ohne Schreien oder dem Zufügen von Schmerzen.

Richtig loben

Das Lob dient als positive Verstärkung für erwünschtes Verhalten des Welpen. Mit der Kritik haben Sie ihm ja nur vermittelt, was er falsch gemacht hat (→ Seite 121).

Ich wundere mich des Öfteren, was manche Leute unter Loben Ihres Hundes verstehen. Die einen tätscheln ihm heftig auf den Kopf oder »klatschen« ihm anerkennend auf die Rippen, die anderen pressen gerade noch so ein leidenschaftsloses »So isser braav!« zwischen den Zähnen hervor. Wieder andere teilen bei jedem Kontakt mit Ihrem Vierbeiner grundlos Mengen von Leckerchen aus. Jedoch kann kein Hund mit solchen »Lobesbekundungen« etwas anfangen, geschweige denn sein positives Verhalten damit verknüpfen.

Bei der Kommunikation zwischen Mensch und Hund spielt das Lob eine zentrale Rolle. In erster Linie meine ich damit die ruhig streichelnde und warme Berührung des Hundes, die von lobenden Worten begleitet wird. Sparen Sie nie mit Lob, aber setzen Sie es immer nur gezielt ein, sonst verfehlt es seine Wirkung.

Das Lob ist der Schlüssel zum Erfolg. Ihr Welpe versteht Sie am besten, wenn Sie bereits jeden kleinen Übungsschritt freundlich belohnen und nicht erst abwarten, bis er die ganze Übungseinheit hinter sich gebracht hat. Richtiges Loben muss den Hund in seinem momentanen Handeln bestätigen und ihn zum Weitermachen motivieren. Er muss das Lob als etwas Postives mit der gleichzeitig ablaufenden Handlung verknüpfen, die Sie als wünschenswert bewerten. Lob ist eine intensive Form der Kommunikation. Daher müssen ihre freudige Stimme und Ihre positive Körpersprache beim Loben übereinstimmen und »ehrlich« sein. Der Hund merkt sofort, wenn Sie ihn nur »pro forma« loben, oder wenn Sie übertreiben.

Von Auge zu Auge

Blickkontakte sind nicht nur bei der zwischenmenschlichen Kommunikation, sondern auch im Umgang mit dem Hund wichtig. Der aufmerksame, kommunikationsbereite Hund sucht den entspannten Blickkontakt mit dem Menschen. Er zeigt die aktive Unterwerfung (→ Seite 116). Wogegen

Der Welpe springt aus der geduckten Haltung in die Spielaufforderung. Hoffentlich macht jemand mit.

◀ *Dieser Schäferhund-Welpe schaut geduldig abwartend auf seine Bezugsperson, weil er ein ausgelassenes Spiel mit ihr erwartet.*

das Anstarren (fixieren) von ihm als Bedrohung und Herausforderung gewertet wird. Ein dominanter Hund könnte eventuell mit einem Angriff antworten. Nehmen wir an, Ihr Welpe schießt beim Spiel mit Ihnen über sein Ziel hinaus und ist kaum mehr zu bändigen. In diesem Fall, und auch bei anderen Gelegenheiten, wo ihm Grenzen gesetzt werden müssen, hat sich das sogenannte »Leviten lesen« gut bewährt: Nehmen Sie den Kopf Ihres Hundes leicht in beide Hände und versuchen Sie Augenkontakt mit ihm zu halten, ohne ihn wütend zu fixieren. Reden Sie ruhig auf ihn ein und verwenden Sie die stark betonten Worte: »Lass das!« Dabei wird weder der Kopf des Hundes hin und her geschüttelt noch geschrien. Sie werden überrascht sein, wie sich Ihre Ruhe und Bestimmtheit auf den Hund überträgt. Nach der »Entlassung« ignorieren Sie ihn, bis er Ihnen wieder ein neues Kommunikationsangebot macht, auf das Sie eingehen müssen, indem Sie ihm eine neue Beschäftigung anbieten.

Beschwichtigungssignale

Hunde verwenden Signale, die aggressionshemmend wirken und die ihr Gegenüber besänftigen sollen. Unter Hunden funktioniert das einwandfrei. Von Hundehaltern werden diese Signale jedoch meist verkannt.

Gähnen Damit kann der Hund die Aggression eines drohenden Gegners dämpfen. Sein Verhalten wirkt einer Drohung oder einem Angriff entgegen.

Sich kratzen Um einen aggressiven Gegner zu beruhigen, wird es bei Hundebegegnungen oft und wirkungsvoll eingesetzt. Der Hund, der sich kratzt, muss aber das größere Selbstbewusstsein haben, denn ein schwacher Hund hat nicht das »Nervenkostüm«, um sich in Anwesenheit eines drohenden Kontrahenten hinzusetzen und zu kratzen, obwohl es ihn gar nicht juckt.

Schnüffeln Dieses Verhalten sieht man häufig auf Hundeplätzen in Verbindung mit aufgeregten oder unbeherrschten Hundeführern.

Das Schnüffeln des Hundes zeigt an, dass er schlechte Erfahrungen gemacht hat, wenn er dem Ruf seines Hundeführers gefolgt ist. Der Vierbeiner nähert sich ihm nur zögernd, weil er dessen Unwillen bereits an der Körpersprache erkennt. Auch ein Hund, dem die Leinenführigkeit durch Gewalteinwirkungen (harte Rucke an der Leine mit Würge- oder Stachelhalsband) beigebracht wird, läuft schnüffelnd vor oder neben seinem Hundeführer her, um ihn so zu besänftigen. Der Vierbeiner will auf diese Weise verhindern, dass ihm der Mensch weitere Schmerzen zufügt.

Lecken Diese Verhaltensweise hat der Welpe vom Futterbetteln am Mund der Mutter noch gut in Erinnerung (→ Mundwinkellecken, Seite 116). Jetzt leckt er sich wiederholt an der Schnauze, wenn er sich unterlegen fühlt, oder er zeigt mehrfach nur die Zungenspitze, wenn er sich bedroht fühlt.

»Pfötchen geben« Zeigt der Hund dieses Verhalten, glauben viele Menschen, dass der Hund sie so begrüßen möchte. Tatsächlich handelt es sich dabei um die klassische Beschwichtigungsgeste, die auch von anderen Hunden also solche verstanden wird. Bei diesem sehr vorsichtigen Signal berührt der unterlegene Hund auch manchmal den drohenden Kontrahenten mit der ausgestreckten Pfote und wird in keinem Fall gebissen. Würde der unterlegene Hund die Pfote aber auf die Schulter des anderen legen oder gegen dessen Gesicht stoßen, kann das eine Provokation bedeuten.

Wie oft zeigt Ihr Welpe Beschwichtigungssignale?

Um die Kommunikation zwischen Hund und Mensch noch zu intensivieren, sollten Sie auch die Beschwichtigungssignale, die er Ihnen oder Artgenossen gegenüber zeigt, mit der Zeit immer schneller erkennen und verstehen lernen.

Der Test beginnt:

○ Beobachten Sie im täglichen Umgang mit Ihrem heranwachsenden Hund seine Körpersprache Ihnen gegenüber noch gezielter.

○ Notieren Sie sich seine Beschwichtigungssignale (→ Seite 124) und in welchem Zusammenhang er sie zeigt. Glauben Sie sein Signal verstanden zu haben, überlegen Sie, was Sie in der betreffenden Situation falsch gemacht haben könnten, so dass er Sie besänftigen wollte.

Mein Testergebnis:

Fragen rund um
die Kommunikation

? Mein Hund sitzt nur am Sonntagmorgen freudig an der Haustür, weil wir an diesem Tag mit ihm zum Welpenspielplatz fahren. Woher weiß er, dass Sonntag ist?

Ganz einfach: Ihr Vierbeiner merkt es am besonderen Tagesablauf. An diesem Tag ist vieles anders. Vielleicht schlafen Sie sonntags länger, alle frühstücken gemütlich zusammen, und Sie haben möglicherweise spezielle Hundebekleidung für das Training angezogen. Doch Ihrem Hund scheint dieser Ausflug sichtlich Spaß zu machen, sonst würde er sich nicht darauf freuen.

? Können sich Hunde schämen?

Nein. Auch wenn es manchmal so aussieht, als würde sich der Hund schämen, wenn wir ihn wegen eines Fehlers kritisieren. Er reagiert dann, je nachdem wie hart er im Nehmen ist, mehr oder weniger stark auf unseren Unwillen und zeigt sämtliche Signale der Un-

terwerfung. Scham würde ein ethisches Bewusstsein voraussetzen. Hunde haben kein Unrechtsbewusstsein und demzufolge auch kein schlechtes Gewissen. Sie handeln nicht nach dem Prinzip gut oder schlecht, sondern folgen ihren Trieben (→ Seite 13).

? Unser vier Monate alter Schäferhund-Mix hat Angst vor dem Straßenverkehr, obwohl er nichts Negatives erlebt hat, denn er ist auf einem Einödhof aufgewachsen.

Der Welpe hatte offenbar in der verkehrsfreien Umgebung seines Geburtsortes keine Möglichkeit, sich an den Straßenverkehr zu gewöhnen. Machen Sie ihn schrittweise in einer Gegend mit wenig Verkehr oder zu einer verkehrsarmen Zeit mit dem Straßenverkehr vertraut. Üben Sie immer beispielsweise in der gleichen kleinen Straße, bis er sich an diesem vertrauten Ort an den Verkehr gewöhnt hat. Zeigt der Welpe

Angst, dürfen Sie ihn nicht bedauern, sondern müssen sich unbeeindruckt zeigen und seine Angst nicht beachten. Wenn Sie selbst ängstlich und nervös veranlagt sind, sollten Sie das Training nicht selbst übernehmen. Durch die Stimmungsübertragung spürt der Hund Ihre Unsicherheit, und das verschlimmert seinen Zustand.

? Wie kann man die Mimik des Hundes erkennen und deuten?

Die Körpersprache des Hundes ist auch für uns Menschen recht gut zu verstehen. Seine Mimik dagegen, also der schnelle Wechsel des Augenausdrucks, der Lippen, der Augenbrauen oder der Stirnfalten, die auch noch zusammen mit der Körper- und Schwanzhaltung beurteilt werden muss, können wir oft nur schwer beurteilen und richtig einschätzen. Hinzu kommt, dass die Mimik bei manchen Hunderassen mit starker Gesichtsbehaarung

meist überhaupt nicht zu erkennen ist. Daher mein Tipp: Erforschen Sie selbst den Gesichtsausdruck Ihres Vierbeiners in verschiedenen Situationen, indem Sie sich Aufzeichnungen darüber machen. Sie werden staunen, wie viel Interessantes Sie über Ihren Hund herausfinden.

? **Mein vier Monate alter Kurzhaar-Foxterrier stellt manchmal die Rückenhaare auf, wenn er Artgenossen begegnet. Neigt er zur Aggression?**
Zunächst ist diese Verhaltensweise ein Anzeichen von Stress. Auch beim Menschen können sich bei großer Angst im wahrsten Sinne des Wortes die Haare aufstellen. Regt sich der Hund nur leicht auf, ist aber noch selbstsicher, stellt er die Rückenhaare nur über der Schulterpartie auf. Bei großer Aufregung, innerer Unsicherheit und Angst dagegen sträubt er die gesamten Rückenhaare. Auslöser ist in allen Fällen das Stress-

hormon Adrenalin. Welpen probieren ab der 10. Woche dieses Signal auch manchmal einfach nur aus. Bieten Sie Ihrem Hundekind verstärkt regelmäßigen Kontakt mit sozial starken Hunden.

? **Warum scharrt unser Welpe nicht, wenn er sein Geschäft verrichtet hat? Alle unsere Nachbarhunde tun es.**
Bestimmt sind Ihre Nachbarhunde schon über die Geschlechtsreife hinaus und bereits erwachsen. Hunde scharren nicht wie eine Katze, um ihren Kot zu vergraben. Im Gegenteil – die Vierbeiner tun das, um ihre Markierungen, die sie durch ihre Ausscheidungen setzen, noch zu vergrößern. Hunde haben Schweißdrüsen an den Füßen, die beim Scharren individuelle Duftnoten an den Boden abgeben. Außerdem verstärkt der durch das Scharren aufgekratzte Boden die Geruchsmarkierung. Wenn Ihr Zwerg ein richtiger »Kerl« geworden ist, wird er sich

ebenso verhalten wie die Vierbeiner Ihrer Nachbarn. Hündinnen markieren und scharren übrigens weniger.

? **Wie mache ich meinen Hund am besten mit einem fremden Hund bekannt?**
Auch wenn es sich bei den beiden Hunden noch um Welpen handelt, sollte das erste Treffen auf neutralem Boden stattfinden, zum Beispiel auf einer großen Wiese. Hier haben die beiden genügend Raum, sich spielerisch kennenzulernen. In der eigenen Wohnung entwickeln auch Welpen schon eigene Revieransprüche, die sie eventuell verteidigen. Wenn die beiden Hunde erst einmal befreundet sind, wird es auch innerhalb des jeweiligen Zuhauses kaum Probleme zwischen ihnen geben. Achten Sie aber darauf, dass Ihr eigener Hund in »seiner« Wohnung die größeren Rechte hat. Sein Lieblingsspielzeug sollte für den anderen nicht erreichbar sein.

Was tun, wenn es Probleme gibt?

Manchmal kann es in der Mensch-Hund-Beziehung Probleme oder einfach Missverständnisse geben. Die Ursachen dafür sind sehr verschieden, lassen sich aber meist leicht beheben.

Kleine Probleme und ihre Lösung

Hier finden Sie eine Auswahl von Verhaltensweisen des Hundes, die uns Menschen stören. Doch es ist gar nicht so schwer, mit dem Vierbeiner auf einen Nenner zu kommen.

SELBST DER BESTE HUND kann bisweilen unerwünschtes Verhalten zeigen. Wenn man auch über manche Eigenheiten seines Lieblings lachend hinwegsieht, wird es manchmal doch zu viel. Bevor Sie aber Umerziehungsversuche starten, versuchen Sie immer erst die Ursache seines Verhaltens zu ergründen und abzustellen. Bei dem Versuch, Ihrem Hund zum Beispiel seinen starken Jagdtrieb oder die Freude an Raufereien mit anderen Rüden abzugewöhnen, werden Sie in der Regel keine dauerhaften Erfolge erzielen, weil dies zum normalen Hundeverhalten gehört. Hier hilft letztendlich nur, den Hund an der Leine zu lassen. Bei gefährlichen Eigenheiten, wie beispielsweise Angstbeißen oder bei Angriffen auf Menschen brauchen Sie unbedingt die Hilfe eines erfahrenen Verhaltenstherapeuten für Hunde.

Hetzjagd auf Autos oder Fahrräder

Allen Dingen nachzujagen, die sich schnell bewegen, gehört zum natürlichen Hundeverhalten. Es ist angeboren (→ Die lieben Triebe ..., Seite 13). Der Hund ist ein Hetzjäger und daher ein »Bewegungsseher«. Er erkennt bereits kleinste Bewegungen. Gerade junge Hunde jagen mit Leidenschaft fliegende Blätter, Schmetterlinge oder Papierfetzen. Mit zunehmendem Alter werden besonders für solche Hunde, die mehr Freilauf genießen, als Gehorsam kennen und zu wenig beschäftigt werden, Fahrräder oder sogar Autos als Jagdobjekte interessant.

Mögliche Lösungen: Verhindern Sie schon im Welpenalter alle eigenständigen Jagdversuche (auch auf Blätter) Ihres angeleinten Hundes, besonders in Verkehrsbereichen. Bei extrem jagdbegeisterten Hunden sollten Sie schon frühzeitig das gezielte Apportieren oder

Vital und voller Übermut stürmt der Welpe durchs Gras. Hoffentlich hat er keine »Beute« im Visier.

Welpen-Verhalten

▶ **1** **Übermut** Im Eifer des Spiels schnappen Welpen mit ihren spitzen Zähnchen nach der Hand des Menschen. Das sollten Sie von Anfang an unterbinden.

▶ **2** **Allein gelassen** Verlassensängste zeigen Welpen durch heulen an, das von Bellen unterbrochen wird.

▶ **3** **Unterwürfig** Ein großer fremder Hund löst bei Welpen passive Unterwerfung aus, die in manchen Fällen lebensrettend sein kann.

das Tragen von entsprechenden Gegenständen trainieren. Jagt er bereits Autos oder Fahrräder, darf der Hund nicht mehr von der Leine gelassen werden. Setzt er auf irgendetwas zur Jagd an, machen Sie abrupt kehrt. Lässt er sich so ablenken, bekommt er ein dickes Lob. Gleichzeitig ist ein intensives Gehorsamstraining nötig.

Gegenstände benagen

Nicht nur Welpen haben Spaß am Benagen von allen möglichen Gegenständen – auch Möbel und wertvolle Teppiche bleiben nicht verschont. Schuhe sind, wegen des Geruchs von Leder oder dem seines geliebten Menschen, ganz besonders interessant für den Vierbeiner. Manche Hunde nagen nur während des Zahnwechsels, andere dagegen bis an ihr Lebensende.
Hunde zerbeißen Dinge häufig aus Langeweile, aus Angst, weil sie zu viel allein sind und/oder weil sie überschüssige Energie haben.

Mögliche Lösungen: Räumen Sie alles weg, was Ihnen lieb ist, Ihren Hund aber zum Beknabbern verlocken könnte. Geben Sie ihm immer mal etwas Neues, das er benagen darf, wie zum Beispiel ein Rinderohr, ein Stück Rinderhaut, alte Pappschachteln, leere Milchkartons, ein Stück altes Seil oder einen alten unbrauchbaren Handbesen. Steht er zusätzlich auf Stuhlbeine oder andere Möbelteile, dann bestreichen Sie diese mit einer scharfen Pfeffersoße. Das mögen Hunde überhaupt nicht. Beobachten Sie Ihren Vierbeiner aber weiterhin aufmerksam, ob er sich nicht ein neues Objekt aussucht.

Anspringen

Das Anspringen ist ein Begrüßungsritual, das dem Hund angeboren ist. Es ist ein natürliches, aber für uns unerwünschtes Verhalten, wenn er voller überschwänglicher Freude an uns hochspringt. Dafür sollte der Hund nicht bestraft werden.

Ignorieren Sie »altbackene« Ratschläge, wie den Hund beim Hochspringen schmerzhaft gegen das Knie prellen zu lassen oder ihm auf die Hinterpfoten zu treten, während er hochspringt.
Mögliche Lösungen: Verlangen Sie in Zukunft bei jeder Begrüßung, dass sich der Hund hinsetzt. Erst dann wird er gestreichelt und bisweilen auch mit einem Leckerchen belohnt. Sprungversuche werden mit einem scharfen »Nein!« und mit abruptem Abwenden abgewehrt. Erst wenn er sich auf Ihr Signal hin setzt, wird er begrüßt. Bitten Sie auch Ihre Freunde, Ihren Hund nicht zu begrüßen und zu beachten, bis er sitzt.

Löcher graben

Wenn ein energiegeladener Hund, der zu wenig beschäftigt wird, längere Zeit unbeaufsichtigt im Garten verbringt, verkürzt er sich die Langeweile unter anderem oft mit dem Graben beachtlicher Löcher. Diese Tätigkeit macht dem Hund einfach Spaß, oder er hat Sie

beim »Verstecken« von Tulpenzwiebeln beobachtet und will Ihnen nacheifern.
Mögliche Lösungen: Unterbinden Sie schon im Welpenalter jegliche Aktivitäten in dieser Richtung. Erlauben Sie ihm das Graben auch während des Spaziergangs nicht. Er würde sonst nicht verstehen, warum er das zu Hause nicht darf. Beschäftigen Sie Ihren Hund mehr, damit es ihm nicht langweilig wird. Lassen Sie ihn nicht unbeaufsich-

> **TIPP**
>
> ### Angst vor Artgenossen
>
> Treffen Sie sich mit einem Hundehalter und dessen »bravem« Vierbeiner und Ihrem »Angsthasen« zu Spaziergängen. Testen Sie, auf welche Entfernung Ihr Hund keine Angst vor dem anderen zeigt. Verkürzen Sie die Entfernung mehr und mehr. Belohnen Sie Ihren Hund immer, wenn er sich entspannt verhält.

Unerwünschtes Verhalten sollten Sie bereits
im Welpenalter korrigieren. Dann gestaltet sich das
spätere Zusammenleben meist in bester Harmonie.

tigt im Garten. Ein scharfes »Nein!«
kann ihn nur dann vom Buddeln abhalten, wenn Sie dabei sind. Gräbt er
immer an der gleichen Stelle, füllen Sie
das Loch mit ein wenig seines eigenen!
Kots auf und bedecken es wieder leicht
mit Erde.

Trennungsangst

Hunde, die unter Trennungsangst leiden, bellen, heulen oder winseln oft
stundenlang, manche zerstören auch die
Wohnungseinrichtung. Die Trennungsangst kann auf verschiedene Ursachen
zurückzuführen sein. Oft haben diese
Hunde schon einmal eine Bezugsperson
verloren. Ebenso häufig zeigen diese
Angst aber auch Vierbeiner, die von

---

*Wenn Welpen mit
Katzen aufwach-
sen, entstehen
nicht selten echte
Freundschaften.*
▼

klein auf nie allein gelassen wurden,
weil ihr Halter in der Regel den ganzen
Tag zu Hause ist.

Mögliche Lösungen: Durch schrittwei-
ses Training müssen Sie dem Hund ein
Gefühl der Sicherheit vermitteln, dass
Sie ja wieder zurückkommen. Zunächst
ist es wichtig, ihn so zu beschäftigen,
dass er müde wird. Dann bringen Sie
ihn zu seinem Schlafplatz. Legt er sich
hin, verlassen Sie – ohne zu sprechen –
den Raum und schließen die Tür. Nach
höchstens fünf Sekunden kommen Sie
wieder zurück, sprechen den Hund aber
nicht an. Sie müssen ihn jetzt an Ihr
häufiges Gehen und Kommen gewöhnen. Verlassen Sie auch ruhig zwischendurch einmal die Wohnung mit Mantel.
Aber übertreiben Sie die Dauer Ihrer
Abwesenheit nicht.
Verzichten Sie auf jegliche Verabschie-
dungs- oder Begrüßungszeremonien.
Der Hund muss das Weggehen und das
Wiederkommen seiner Bezugsperson als
die selbstverständlichste Sache der Welt
ansehen. Wenn er sich daran gewöhnt
hat, verlängern Sie Ihre Abwesenheit
ganz allmählich im Minutenabstand.

Angst vor Gewitter und Feuerwerk

Bei Gewitter spüren die Hunde schon
lange vorher die elektrische Spannung,
die in der Luft liegt und das Blitzen und
laute Donnern mit sich bringt. Hunde
erkennen darin die Naturgewalt, vor der
sie sich schützen wollen.

Ängstliche und wenig selbstbewusste Vierbeiner leiden mehr unter einem starken Gewitter, aber auch nervenstarken Hunden ist es oft nicht ganz geheuer. Sie geraten nur nicht gleich in Panik. Ein Feuerwerk löst bei einem nervenschwachen Hund die gleichen Gefühle aus wie ein Gewitter. Diese Vierbeiner sind in der Regel auch nicht »schussfest« und besonders geräuschempfindlich.

Mögliche Lösungen: Bleiben Sie in der Wohnung, schließen Sie Fenster und

Sie können auch versuchen, Ihren Hund an die Gewittergeräusche zu gewöhnen. Nehmen Sie das Donnern auf Tonband auf, und spielen Sie es ihm – während er frisst – vor. Anfangs so leise, dass er keinerlei ängstliches Verhalten zeigt. Steigern Sie die Lautstärke langsam von Tag zu Tag. Beim nächsten Gewitter füttern Sie Ihren Vierbeiner ebenso wie beim Tonbandtraining.

WUSSTEN SIE SCHON, DASS …

… manche Probleme einen Fachmann erfordern?

Bei schwerwiegenden Verhaltensproblemen, wie etwa Aggression gegenüber Menschen, muss ein Fachmann zurate gezogen werden. Ein guter Therapeut beurteilt dabei nicht nur den Hund, sondern auch das Verhalten des Halters. Bei der Beratung werden zunächst die Ursachen der Probleme von Hund und Mensch ermittelt und erst dann der Therapieablauf bestimmt. Die Ursachenforschung nimmt stets den größten Teil der Beratung in Anspruch.

Jalousien, sodass der Hund die Blitze und Raketen nicht sieht und das Donnern und Krachen des Feuerwerks abgemildert ist. Machen Sie stattdessen Musik an, die ruhig etwas lauter sein darf. Bemitleiden und bemuttern Sie den ängstlichen Hund auf keinen Fall. Das würde seine Angst nur bestätigen. Verhalten Sie sich vollkommen teilnahmslos, und versuchen Sie Ihren Hund eventuell mit einem Spiel abzulenken. Es gibt auch leichte Beruhigungsmittel für Hunde (in Absprache mit dem Tierarzt).

»Einparfümieren« und Kotfressen

Das Wälzen in unappetitlichen Dingen ist für unsere Vierbeiner ein Erbe ihrer Urahnen, der Wölfe.

Die Wölfe überdeckten ihren Raubtiergeruch, indem sie sich im Kot von Pflanzenfressern wälzten, wenn sie auf die Jagd gingen. Unsere Hunde tun es mit Vorliebe dann, je öfter sie frisch gebadet werden. Sie haben nämlich durchaus eine ganz andere Vorstellung von gutem Geruch als wir.

Was kann die Ursache sein, wenn's nicht klappt?

An den meisten Problemen und Missverständnissen im Zusammenleben mit dem Hund trägt der Vierbeiner keinerlei Schuld. Vielleicht haben Sie ihm falsche Signale gegeben oder verstehen ihn nicht richtig. Gehen Sie auf Ursachenforschung.

Der Test beginnt:

Erkennt Sie Ihr Welpe als ranghöher an (→ Seite 33)? Hat er absolutes Vertrauen zu Ihnen? Fühlt er sich sicher in Ihrer Gegenwart? Ist er eventuell krank? Haben Sie den Welpen ausreichend motiviert? War er auf Sie konzentriert und aufmerksam? Wodurch wurde er abgelenkt? Haben Sie ihm klare Kommandos erteilt? Haben Sie ihn eventuell mit dieser Übung überfordert, indem Sie beispielsweise Lernschritte übersprungen haben?

Mein Testergebnis:

Das Kotfressen kann die verschiedensten Ursachen haben. Häufig ist eine unausgewogene Ernährung der Grund, weil alkalische Stoffe in der Nahrung fehlen, die der Hund aber, als Aasfresser, unbedingt braucht. Auch ein Mangel an bestimmten Mineralstoffen ist möglich. Es kann aber auch sein, dass sich Ihr Hund vernachlässigt fühlt.

Mögliche Lösungen: Wenn sich Ihr Hund mit Vorliebe in Unrat wälzt, hilft nur Ihre Aufmerksamkeit und der Gehorsam Ihres Hundes. Er muss auf Ihr scharfes »Nein!« oder »Pfui!« hin seine Handlung sofort unterlassen.

Um dem Kotfressen entgegenzuwirken, säubern Sie zunächst den Garten von allen Kotstellen. Führen Sie Ihren Hund beim »Gassigehen« an der Leine, damit Sie ihn rechtzeitig davon abhalten können, Kot zu fressen. Lassen Sie von einem Tierarzt abklären, ob Ihr Hund an einem Nährstoffmangel leidet. Sollte sich ein Mangel bestätigen, denken Sie darüber nach, ob Sie eine Ernährungsumstellung Ihres Vierbeiners vornehmen, ihn also in Zukunft besser mit naturbelassener Nahrung (Frischfleisch) füttern. Im 4. Kapitel dieses Ratgebers gebe ich Ihnen dazu ausführliche Empfehlungen. Bei der Ernährung mit Frischkost gibt es keine Kotfresser. Das kann ich Ihnen garantieren.

»Mir geht es rundum gut.« Das sieht ▶
man diesem kleinen Husky an.

Tiersitter-Pass

Sie können den Hund zum Beispiel nicht mit ins Krankenhaus nehmen oder wollen ohne ihn verreisen, und ein Tiersitter kümmert sich um Ihren Liebling? Hier können Sie alles aufschreiben, was Ihre (Urlaubs-)Vertretung wissen sollte. So ist Ihr Vierbeiner in der Zeit, in der Sie nicht da sind, bestens versorgt.

Mein Hund heißt:

So sieht er aus:

Das schmeckt ihm:

täglich in dieser Menge:

einmal pro Woche in dieser Menge:

Leckerchen für zwischendurch:

Das trinkt er:

Die richtigen Fütterungszeiten:

Das Futter wird aufbewahrt:

Hausputz:

Das wird täglich gesäubert:

Wöchentlich reinigt man:

Diese Streicheleinheiten liebt er:

Wie man ihn toll beschäftigen kann:

Das mag er gar nicht:

Was mein Hund nicht darf:

Das ist außerdem wichtig:

Das ist sein Tierarzt:

Hier bin ich zu erreichen:

REGISTER

Die **halbfett** gesetzten Seitenzahlen verweisen auf Abbildungen.

Die Inhalte dieses Buches beziehen sich auf die Bestimmungen des deutschen Tier- bzw. Artenschutzes. In anderen Ländern können die Angaben abweichend sein. Erkundigen Sie sich daher im Zweifelsfall bei Ihrem Zoofachhändler oder bei der entsprechenden Behörde.

VERBÄNDE/ VEREINE

Verband für das Deutsche Hundewesen e. V. (VDH)
Westfalendamm 174,
44141 Dortmund,
www.vdh.de

Fédération Cynologique Internationale (FCI)
Place Albert 1er, 13,
B-6530 Thuin
www.fci.be

Deutscher Hundesport-verband e. V.
Gustav-Sybrecht-Str. 42,
44536 Lünen
www.dhv-hundesport.de

Österreichischer Kynologen-verband (ÖKV)
Siegfried Marcus-Str. 7
A-2362 Biedermannsdorf
www.oekv.at

Schweizerische Kynologi-sche Gesellschaft (SKG/SCS)
Postfach 8276,
CH-3001 Bern
www.skg.ch

Deutscher Tierschutz-bund e. V.
Baumschulallee 15,
53115 Bonn
www.tierschutzbund.de

Berufsverband der Hunde-erzieher/innen und Verhal-tensberater/innen e. V. (BHV)
Eichenweg 2,
65527 Niedernhausen,
www.hundeschule.de

IEMT Österreich, Institut für interdisziplinäre Erforschung der Mensch-Tier-Beziehung
Margaretenstraße 70,
A-1050 Wien,
www.iemt.at

Forschungskreis Heimtiere in der Gesellschaft
Postfach 11 07 28,
28087 Bremen
www.mensch-heimtier.de

Fragen zur Haltung

beantworten Ihr Zoofach-händler und der Zentralver-band Zoologischer Fachbe-triebe Deutschlands e. V. (ZZF)
Tel.: 0611(447553-32
(nur telefonische Auskunft möglich: Mo 12-16 Uhr, Do 8-12 Uhr)
www.zzf.de

Haftpflichtversicherung

Fast alle Versicherungen bie-ten auch Haftpflichtversiche-rungen für Hunde an.

Krankenversicherung

Uelzener Versicherungen
Postfach 2163,
29511 Uelzen
www.uelzener.de

Puntobiz GmbH
Immendorfer Str. 1,
50354 Hürth,
www.tierversicherung.biz

AGILA Haustierver-sicherung AG
Breite Str. 6-8,
30159 Hannover,
www.agila.de

Registrierung von Hunden

TASSO e. V.
Abt. Haustierzentralregister,
65784 Hattersheim am Main,
Tel. 06190/937300
www.tasso.net, E-Mail:
info@tasso.net

Internationale Zentrale Tierregistrierung (IFTA)
Nördliche Ringstr.10,
91126 Schwabach
Tel. 00800/ 43820000
(kostenlos),
www.tierregistrierung.de

Hunde im Internet

www.hunde.com(Infos rund um den Hund)
www.hunde.at
(Infos rund um den Hund)
www.hundewelt.de
(Infos rund um den Hund)

www.hundeadressen.de
(Infos zu Sport, Erziehung
und Ausbildung, Züchter-
adressen)
www.Hunde-helfen-kids.de
(Hunde helfen Menschen
e. V.)
www.hundezeitung.de
(Infos über Hunde)
www.hallohund.de
(Infos rund um den Hund)
www.meinhund.ch
(Artgerechte Ernährung,
BARFen)
www.dhv-hundesport.de
(Hundesport)
www.oegv.at.de
(Hundesport)
www.dogevents.ch
(Hundesport)
www.tiermedizin.de
(Gesundheit)
www.ferien-mit-Hund.de
(Urlaub)

ZEITSCHRIFTEN

Der Hund. Deutscher Bauern-
verlag GmbH, Berlin

Partner Hund. Gong Verlag,
Ismaning

Hundewelt. Minerva Verlag
GmbH, Mönchengladbach

Unser Rassehund. Hrsg. Verband für das Deutsche Hundewesen e. V., Dortmund

Dogs. Gruner + Jahr, Ham-
burg

BÜCHER, DIE WEITERHELFEN

Birmelin, Immanuel: *Schlau-er Hund*. Gräfe und Unzer Verlag, München
Hegewald-Kawich, Horst: *300 Fragen zur Hunde-Erzie-hung*. Gräfe und Unzer Ver-lag, München
Hegewald-Kawich, Horst: *Hunderassen von A bis Z*. Gräfe und Unzer Verlag
Hegewald-Kawich, Horst: *Unser Hund*. Gräfe und Unzer Verlag, München
Ludwig, Gerd: *Das große GU Praxishandbuch Hunde*. Gräfe und Unzer Verlag, München
Schlegl-Kofler, Katharina: *Das große GU Praxishand-buch Hunde-Erziehung*. Gräfe und Unzer Verlag, München
Wolf, Kirsten: *Hunde – Spiel & Sport*. Gräfe und Unzer Verlag, München

DANK

Ein besonderer Dank gilt meiner Frau Hansi, die nicht nur 45 Jahre lang für meine vielen Aktivitäten im Hunde-wesen Verständnis hatte. Sie zeigte sich auch immer gedul-dig, wenn ich beim Schreiben meiner Bücher manchmal ungenießbar war.
Autor und Verlag danken der Firma Padvital GmbH, Karls-feld, www.padvital.de für die Hunde-Intelligenzspiele der Schwedin Nina Ottosson, die in den Fotos abgebildet sind.

Wichtige Hinweise

Die Haltungsregeln dieses Ratgebers beziehen sich auf normal entwickelte Jungtiere aus guter Zucht, also auf ge-sunde, charakterlich ein-wandfreie Tiere.
Wer einen erwachsenen Hund zu sich nimmt, muss sich bewusst sein, dass dieser bereits wesentliche Prägun-gen durch den Menschen er-fahren hat. Er sollte den Hund besonders genau beob-achten, auch in seinem Ver-halten gegenüber Menschen: Er sollte sich auch den bishe-rigen Besitzer ansehen.
Ist der Hund aus einem Tier-heim, so kann dieses even-tuell über die Herkunft des Hundes und seine Eigenhei-ten Auskunft geben. Es gibt Hunde, die aufgrund schlech-ter Erfahrungen mit Men-schen in ihrem Verhalten auf-fällig sind, vielleicht auch zum Beißen neigen. Diese Hunde sollten nur von erfah-renen Hundehaltern aufge-nommen werden.
Auch bei gut erzogenen Hun-den und sorgfältig beaufsich-tigten Hunden besteht die Möglichkeiten, dass sie Schä-den an fremdem Eigentum anrichten oder gar Unfälle verursachen.
Ein ausreichender Versiche-rungsschutz ist in jedem Fall dringend zu empfehlen.

Freude am Tier

GU Mein Heimtier – da steckt mehr drin

ISBN 978-3-8338-0597-4
144 Seiten, mit Poster

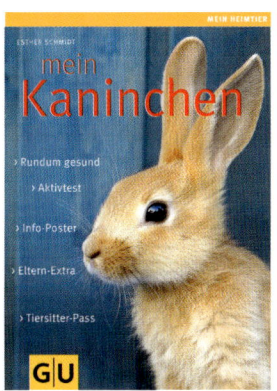

ISBN 978-3-8338-1207-1
144 Seiten, mit Poster

ISBN 978-3-8338-0187-7
144 Seiten, mit Poster

ISBN 978-3-8338-0153-2
144 Seiten, mit Poster

Das macht sie so besonders:

Praxiswissen vom Experten – bestens informiert

Aktivtest Mein Heimtier – lernen Sie Ihr Tier verstehen

Info-Poster – liebevolle Gedächtnisstütze

Willkommen im Leben.

Bildnachweis

Arco-Digital: 18-2, 19-3; **Debra Bardowicks:** 48, 49-1, 49-2, 79-1, 79-2; **Thomas Brodmann:** 94, 95-1, 95-2, 101, 104, 105, 106-1, 106-2, 106-3, 120, 121-1, 121-2, 130, 131-2, U7; **Corbis:** 34, 108; **Oliver Giel:** 7, 16-2, 17-2, 36, 39-1, 39-2, 51, 54, 68, 69-1, 69-2, 73, 75, 77-1, 77-2, 77-3, 77-4, 85-1, 85-2, 85-3, 87, 89-1, 89-2, 93, 96, 119, U8; **Juniors:** 20-3, 22-3, 23-1; **Angela Kraft:** 2-2, 15, 23-2, 31, 32, 102, 124; **Regina Kuhn:** U1/Cover, 44, 47, 59-1, 59-2, 59-3, 67, U4-1; **PantherMedia:** 20-4, 27-3; **Sigrid Starick:** 17-3, 19-2, 24-3, 26-2, 26-3; **Christine Steimer:** 4, 11, 16-1, 18-1, 19-1, 20-1, 21-1, 21-3, 22-1, 23-3, 25-1, 25-3, 27-2, 29, 38, 41-1, 41-2, 41-3, 41-4, 41-5, 41-6, 52, 56, 64, 71, 81, 82, 86, 98-1, 98-2, 127-1, 127-2, 127-3, 129, 132, U3-1; **Tierfotoagentur:** 17-4, 21-2, 24-1, 24-2, 25-2, 25-4, 26-1, 27-1; **Monika Wegler:** 2-1, 3, 5-1, 5-2, 6, 8-1, 8-2, 9, 10, 12, 14, 17-1, 18-3, 20-2, 22-2, 30, 35, 37, 40, 43, 45, 50, 53, 60, 61, 63, 65, 66, 74, 78, 83, 88, 90, 92, 97, 99, 103, 109, 110, 111, 112, 113-1, 113-2, 115-1, 115-2, 115-3, 115-4, 115-5, 115-6, 116, 117, 118, 122, 123, 128, 131-1, 133, 135, 145, U2-1, U2-2, U3-2, U3-3, U4-2, U4-3, U4-4, U5-1, U5-2, U6-1, U6-2.

© 2009 GRÄFE UND UNZER VERLAG GmbH, München.
Alle Rechte vorbehalten. Nachdruck, auch auszugsweise, sowie Verbreitung durch Film, Funk, Fernsehen und Internet, durch fotomechanische Wiedergabe, Tonträger und Datenverarbeitungssysteme jeder Art nur mit schriftlicher Genehmigung des Verlages.

Redaktion: Nadja Harzdorf, Alexandra Stronski
Lektorat: Gabriele Linke-Grün
Bildredaktion: Adriane Andreas, Petra Ender (Cover)
Umschlaggestaltung: independent Medien-Design
Innenlayout: independent Medien-Design
Satz: Christopher Hammond, München
Herstellung: Susanne Mühldorfer
Repro: Longo AG, Bozen
Druck und Bindung: Druckhaus Kaufmann, Lahr

ISBN 978-3-8338-1665-9

1. Auflage 2009

Ein Unternehmen der
GANSKE VERLAGSGRUPPE

Unsere Garantie

Alle Informationen in diesem Ratgeber sind sorgfältig und gewissenhaft geprüft. Sollte dennoch einmal ein Fehler enthalten sein, schicken Sie uns das Buch mit dem entsprechenden Hinweis an unseren Leserservice zurück. Wir tauschen Ihnen den GU-Ratgeber gegen einen anderen zum gleichen oder ähnlichen Thema um.

Liebe Leserin und lieber Leser,

wir freuen uns, dass Sie sich für ein GU-Buch entschieden haben. Mit Ihrem Kauf setzen Sie auf die Qualität, Kompetenz und Aktualität unserer Ratgeber. Dafür sagen wir Danke! Wir wollen als führender Ratgeberverlag noch besser werden. Daher ist uns Ihre Meinung wichtig. Bitte senden Sie uns Ihre Anregungen, Ihre Kritik oder Ihr Lob zu unseren Büchern. Haben Sie Fragen oder benötigen Sie weiteren Rat zum Thema? Wir freuen uns auf Ihre Nachricht!

Wir sind für Sie da!
Montag–Donnerstag:
8.00–18.00 Uhr;
Freitag: 8.00–16.00 Uhr
Tel.: 0180-5 00 50 54* *(0,14 €/Min. aus dem dt. Festnetz/
Fax: 0180-5 01 20 54* Mobilfunkpreise können abweichen.)
E-Mail:
leserservice@graefe-und-unzer.de

P.S.: Wollen Sie noch mehr Aktuelles von GU wissen, dann abonnieren Sie doch unseren kostenlosen GU-Online-Newsletter und/oder unsere kostenlosen Kundenmagazine.

GRÄFE UND UNZER VERLAG
Leserservice
Postfach 86 03 13
81630 München